高等院校应用型人才培养“十四五”规划教材

网页设计与制作——HTML5+CSS3 项目实战

山东轻工职业学院
天津滨海迅腾科技集团有限公司 编著

图书在版编目(CIP)数据

网页设计与制作：HTML5+CSS3项目实战 / 山东轻工职业学院，天津滨海迅腾科技集团有限公司编著. -- 天津：天津大学出版社，2022.8(2023.9重印)
高等院校应用型人才培养“十四五”规划教材
ISBN 978-7-5618-7222-2

Ⅰ. ①网… Ⅱ. ①山… ②天… Ⅲ. ①超文本标记语言—程序设计—高等学校—教材②网页制作工具—高等学校—教材 Ⅳ. ①TP312.8②TP393.092.2

中国版本图书馆CIP数据核字(2022)第109016号

WANGYE SHEJI YU ZHIZUO： HTML5+CSS3 XIANGMU SHIZHAN

出版发行 天津大学出版社
地　　址 天津市卫津路92号天津大学内(邮编:300072)
电　　话 发行部:022-27403647
网　　址 www.tjupress.com.cn
印　　刷 廊坊市海涛印刷有限公司
经　　销 全国各地新华书店
开　　本 185mm×260mm
印　　张 19.5
字　　数 487千
版　　次 2022年8月第1版
印　　次 2023年9月第2次
定　　价 59.00元

高等院校应用型人才培养
“十四五”规划教材
指导专家

基于工作过程项目式教程
《网页设计与制作——HTML5+CSS3 项目实战》

主　编　韩　静　董善志

副主编　石范锋　贾　丽　何芳原

常志东　余　会　张奎升

前　言

本书重在培养读者 Web 前端开发与设计能力，针对行业对 Web 前端工程师岗位的最新需求，采用“逆向制定法”设计教材内容，即根据 Web 前端岗位的工作内涵，分析对应知识、技能与素质要求，确立每个模块的知识与技能组成，对内容进行甄选与整合，实现知识传授与技能培养并重，以使人才培养目标与岗位需求相契合。在同类型的书籍中，内容大多是关于知识点的介绍，缺乏项目开发过程中各个时期所遇到的问题的实例。而本书由浅入深地对知识点进行讲解，以网站建设为中心，以实例为引导，把讲解知识与实例实现融于一体，贯穿于教材之中。考虑到网页制作具有较强的实践性，本书配备大量的例题并提供源码和网页效果图，能够有效地帮助读者理解所学习的理论知识，使其系统全面地掌握 Web 前端开发技术。

本书由韩静、董善志共同担任主编，石范锋、贾丽、何芳原、常志东、余会、张奎升担任副主编。本书包括八个项目，分别为认识 HTML5、HTML5 基础标签、HTML5 表格与表单、CSS 基础、CSS 核心属性、CSS 盒子模型、CSS 其他属性以及 CSS3 动画。每个项目均采用任务驱动的模式，按照学习目标→学习路径→任务描述→任务技能→任务实施→任务总结的思路编写，任务明确，重点突出，简明实用。同时，本书按照学生学习能力形成与学习动机发展的规律进行教材目标结构、内容结构和过程结构的设计，使学生可以在较短的时间内快速掌握最实用的网页设计与制作知识。并且，在每个项目的任务总结后都附有任务习题，供读者在课外巩固所学的内容。

本书内容侧重实战，每个重要的技能点后都配有相应的实例，在学习完技能点后，可以通过实例进一步了解该技能点的应用场景及实现效果。这种“技能点＋实例”的设置更易于读者记忆和理解，也为实际应用打下坚实的基础。

本书内容简明扼要、结构完整，清晰地讲解了网页设计与制作过程中所需的所有知识，可使读者体会到项目开发的真实过程，是不可多得的好教材。

由于编者水平有限，书中难免存在错误与不足之处，恳请读者批评指正和提出改进建议。

编者

2022 年 3 月

目　录

项目一　认识 HTML5

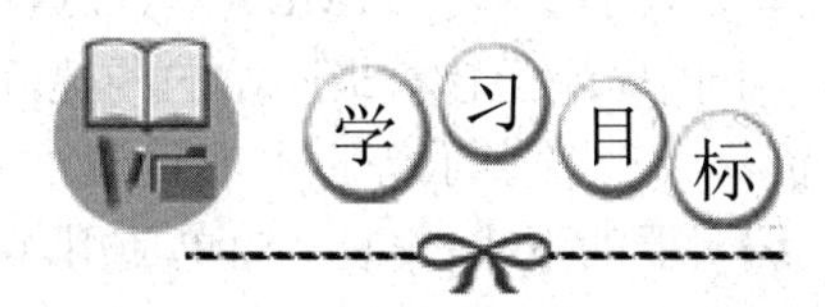

通过对 HTML5 基础知识的学习，了解 HTML5 的相关概念，熟悉网页编辑器的使用，掌握 HTML5 的基本结构和语法，具有下载、安装及简单使用 WebStorm 网页编辑器的能力，在任务实施过程中：

- 了解 HTML5 的相关知识；
- 熟悉常用的网页编辑器；
- 掌握 HTML5 的基本结构和语法；
- 具有下载、安装及简单使用 WebStorm 网页编辑器的能力。

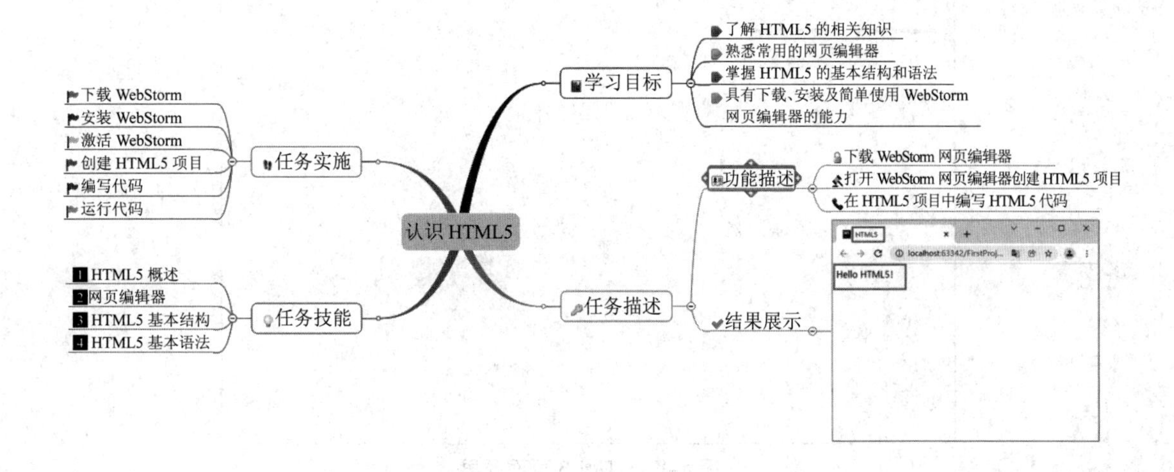

【情境导入】

随着 HTML5 和 CSS3 在各大浏览器上应用的逐渐普及，浏览器对 HTML5 和 CSS3 的支持也日趋完善。HTML5 和 CSS3 经过一系列的演变，不再局限于轻量级网站的构建，而是逐渐在不同领域开始多样化发展，包含商业智能、贸易、游戏、娱乐等。本项目通过对 HTML5 网页编辑器的讲解，使学生掌握 WebStorm 网页编辑器的下载、安装及简单使用。

【任务描述】

- 下载 WebStorm 网页编辑器。
- 打开 WebStorm 网页编辑器创建 HTML5 项目。
- 在 HTML5 项目中编写 HTML5 代码。

【效果展示】

通过对本项目的学习，了解 HTML5 相关概念、常用网页编辑器以及 HTML5 基本结构和语法，能够掌握 WebStorm 网页编辑器的下载、安装及简单使用，HTML5 页面效果如图 1-1 所示。

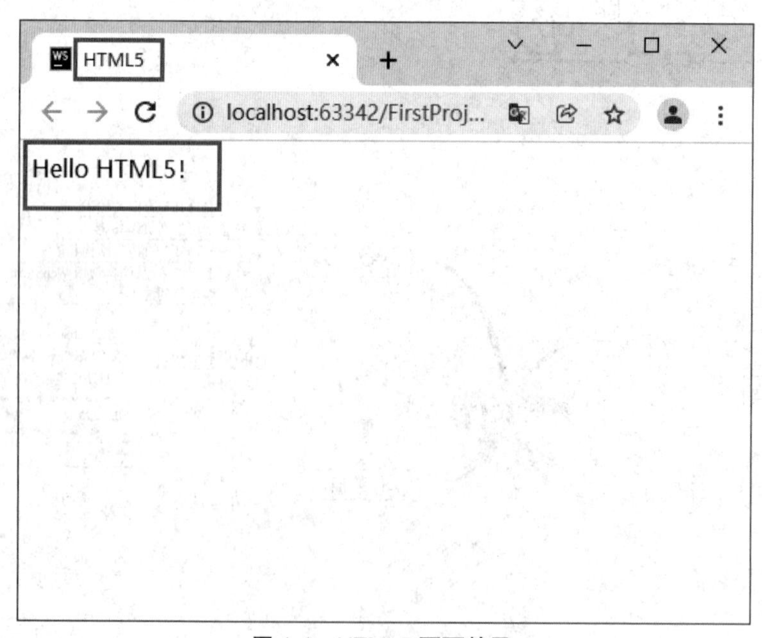

图 1-1　HTML5 页面效果

技能点一 HTML5 概述

1. Web 标准概念及组成

Web 全称为“World Wide Web”，即全球广域网，通常也被称为万维网，是基于超文本和 HTTP 开发的一种全球的、动态交互的、跨平台的分布式图形信息系统。

而 Web 标准则被称为网页标准，是由 W3C（World Wide WebConsortium，万维网联盟）和其他组织制定的多种语言规范的集合，如 ECMAScript 标准、XHTML5 标准、DOM 标准等，而不是单指某一个规范。W3C 图标如图 1-2 所示。

图 1-2 W3C 图标

以前，使用的浏览器不同，导致相同的代码在显示或排版上会呈现出不同的效果，这时开发者需要很长时间为兼容性不同的浏览器开发多个版本的程序。而遵循 Web 标准，除了可以使不同开发人员编写的页面标准统一外，在网页制作中还具有多种优势。

- 开发效率高，维护简单。
- 结构与表现分离，可以针对不同的设备设置不同的表现，使信息可以跨平台、跨浏览器展示。
- 降低网站流量成本。
- 便于改版。
- 提高页面浏览速度。
- 兼容性高，使用结构与表现分离的方式，不必担心后面代码的兼容性。
- 用户体验更好。

一个简单的 Web 标准由三个部分构成，分别是结构（structure）标准、表现（presentation）标准和行为（behavior）标准，如图 1-3 所示。

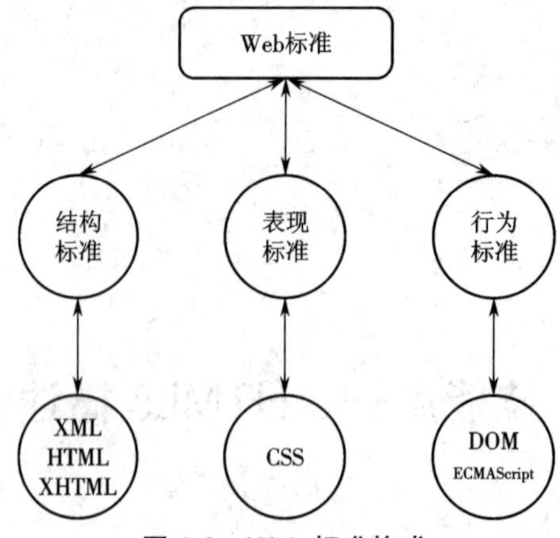

图 1-3 Web 标准构成

通过图 1-3 可知，结构标准包含 XML、HTML 和 XHTML 三种内容，主要用于规范页面结构设计语言的使用；表现标准只包含 CSS 一种内容，主要用于规范页面样式语言的使用；而行为标准包含 DOM 和 ECMAScript 两种内容，主要用于规范页面内容与用户的交互动作。

课程思政：不以规矩，不能成方圆

在开发网页时，需要遵循一定的网页设计标准。同样，做任何一件事情，也要遵循一定的规矩、规则和程序。

《孟子·离娄上》有云："离娄之明，公输子之巧，不以规矩，不能成方圆。"当进入职场后，除了遵守相应的公共规章制度、遵纪守法外，还需对自我进行约束，这就是职业素养。

（1）HTML

HTML 全称为"HyperText Markup Language"，即超文本标记语言，为"网页创建和其他可在网页浏览器中看到的信息"而设计，主要使用标记标签进行网页的描述，统一网络上文档的格式，将分散的网络资源连接为一个逻辑整体，HTML 图标如图 1-4 所示。

图 1-4 HTML 图标

（2）XML

XML 全称为"Extensible Markup Language"，即可扩展标记语言，与 HTML5 类似，但

XML的设计宗旨为传输和存储数据，而不是显示数据，是不同应用程序、不同平台之间实现数据共享和通信最常用的工具之一，XML图标如图1-5所示。

图1-5　XML图标

XML除了用于数据共享和通信外，还可以用于其他工作，具体工作如下。

- 作为简单的数据库，能够存储并检索数据。
- 约定传输格式文件。
- 软件配置文件。

（3）XHTML

XHTML全称为“Extensible HyperText Markup Language”，即可扩展超文本标签语言，是一种基于XML格式开发的HTML，与HTML 4.01基本相同，但不同于HTML的混乱，XHTML是一种更严格、更纯净的HTML版本，废弃了部分表现层标签，标准更高，结构严谨，得到了所有主流浏览器的支持，XHTML图标如图1-6所示。

图1-6　XHTML图标

（4）CSS

CSS全称为“Cascading Style Sheets”，即层叠式样式表，可以以HTML或XML为基础，能够针对不同的浏览器设置不同的样式。简单来说就是定义HTML或XML元素在屏幕、纸张或其他媒体上的显示样式，如文本内容的字体、字号、对齐方式、图片的宽高比例、边框样式、边距以及页面的布局排版等，CSS 图标如图 1-7 所示。

图 1-7 CSS 图标

CSS 的特点如下。

● 样式丰富。

CSS 提供了丰富的文档样式以及设置文本和背景属性的能力，如设置元素边框、元素间距、文本字号等。

● 易于维护。

如果要进行全局更改，则只需选择样式，网页中所有元素的样式都将会自动更新。

● 复用性强。

只需编写一次 CSS 样式，即可通过外部引入方式在多个 HTML 文件中重复使用。

● 层叠。

对一个元素多次设置同一个样式，将使用最后一次设置的属性值。

● 多设备兼容。

样式表允许针对多种不同类型的设备优化内容。

目前，最常用的 CSS 版本为 CSS3，是 CSS 技术的升级版本，能够兼容全部 CSS 内容，CSS3 图标如图 1-8 所示。

图 1-8 CSS3 图标

相比于 CSS，CSS3 不仅可以使页面更加炫酷，还在开发与维护、网站性能等方面有着诸多优势，CSS3 的优势如下。

● 节约成本。

CSS3 提供了包括圆角、多背景、透明度、阴影、动画、图表等功能在内的多个新特性，在 CSS 中，这些功能需要通过大量代码和复杂操作实现，甚至需要编写 JavaScript 脚本；而 CSS3 摒弃了冗余的代码结构，只需几行简单代码即可实现，极大节约开发成本。

● 提高性能。

相比于 CSS，CSS3 只需使用少量图片和脚本即可完成图形化网站的制作。

（5）DOM

DOM 全称为“Document Object Model”，即文档对象模型，是 W3C 国际组织提供的一套 Web 标准，定义了访问 HTML 文档对象的属性、方法和事件，能够实现程序和脚本的动态访问以及内容、结构的更新。目前，根据目标对象的不同，DOM 可以分为三类，分别为核心 DOM、XML DOM 和 HTML5 DOM。

● 核心 DOM：针对所有结构化文档的标准模型。

● XML DOM：针对 XML 文档的标准模型。

● HTML5 DOM：针对 HTML 文档的标准模型。

（6）ECMAScript

ECMAScript，简称为“ES”，是 ECMA 国际（前身为欧洲计算机制造商协会）基于 ECMA-262 标准化推出的脚本程序设计语言，广泛应用于万维网。ECMAScript 图标如图 1-9 所示。

图 1-9 ECMAScript 图标

JavaScript 即为 ECMAScript 的一种实现语言。JavaScript 最初是由 Netscape（网景通信公司）于 1995 开发完成的，原名为“LiveScript”，但 Netscape 希望其与 Java 相似，因此将其更名为“JavaScript”。并且，Netscape 为了实现 JavaScript 的推广，决定将 JavaScript 提交给 ECMA，使其成为国际标准。因此，ECMA 国际于 1997 年发布 262 号标准文件（ECMA-262），规定了浏览器脚本语言的标准，被称为“ECMAScript”。简单来说，ECMAScript 是 JavaScript 的标准，而 JavaScript 是 ECMAScript 的一种实现。

JavaScript 简称“JS”，是一种为满足制作动态网页的需要而诞生的具有解释性、轻量级的即时编译脚本语言，广泛应用于网页中，定义了网页的行为，用于实现用户和网页的动态交互。JavaScript 图标如图 1-10 所示。

图 1-10　JavaScript 图标

目前，JavaScript 几乎被所有的浏览器支持，能够增强网页中元素的动态效果、提高交互性。相比于其他编程语言，它具有如下特点。

● 解释性。

不同于编译型的程序设计语言，JavaScript 是一种解释型的程序设计语言，具有解释性，代码无须编译，可直接在浏览器上运行解释。

● 动态性。

JavaScript 脚本语言基于事件驱动，可以直接向 HTML 页面添加交互行为，无须经过 Web 服务器即可对用户操作做出响应。

● 跨平台性。

JavaScript 依赖浏览器中的 JavaScript 脚本引擎运行，与浏览器所在操作环境无关，不管是 Windows、Linux、Mac、Android 系统，还是 iOS 等，只要支持的浏览器中存在 JavaScript 脚本引擎，就可以执行 JavaScript 代码。

● 安全性。

JavaScript 还具有很高的安全性，其不可以对本地硬盘进行访问，也不可以修改或删除网络中的文档，只提供了信息浏览和动态交互功能，有效地防止了数据的丢失。

● 面向对象。

JavaScript 还是一种面向对象语言，可以自行创建对象。并且，JavaScript 中多种功能的实现均来自脚本环境中对象的方法与脚本的相互作用。

2. HTML5 简介

HTML 标准自 1999 年 12 月发布 HTML4.0 后，后继的 HTML 版本和其他标准被束之高阁，为了推动 Web 标准化的发展，一些公司联合起来，成立了一个叫作 Web Hypertext Application Technology Working Group（Web 超文本应用技术工作组，WHATWG）的组织。WHATWG 致力于 Web 表单和应用程序，而 W3C 专注于 XHTML2.0。在 2006 年，双方决定合作，创建一个新版本的 HTML。

HTML5 是在 HTML 基础上进行的第五次重大修改，也就是第五个版本，是最新的 HTML 标准，为承载丰富的 Web 内容而设计，拥有新的语义、图形以及多媒体元素等，并为简化 Web 应用程序的搭建而提供了新的元素和新的 API（Application Programming

Interface，应用程序编程接口）。HTML5 图标如图 1-11 所示。

图 1-11　HTML5 图标

3. HTML5 的发展

HTML 在向 HTML5 的演化过程中经历了多次改变，从 HTML 到 XHTML，再到 HTML5，具体发展过程如表 1-1 所示。

表 1-1　HTML5 的发展过程

版本	发布时间	描述
HTML1.0	1993 年	被称为 IETF，没有形成标准
HTML2.0	1995 年 11 月	在 HTML1.0 的基础上丰富了标记，于 2000 年 6 月宣布过时
HTML3.2	1997 年 1 月	针对之前的版本进行改进，着重提高了兼容性
HTML4.0	1997 年 12 月 18 日	将文档结构与样式进行了分离，实现了对表格更灵活的控制
HTML4.01	1999 年	基于 HTML4.0 进行小范围升级
XHTML1.0	2000 年 1 月 26 日	结合了 HTML 的简单特性和 XML 的强大功能，后于 2002 年 8 月 1 日重新发布
XHTML1.1	2001 年 5 月 31 日	XML 风格的 HTML4.01，主要是初步进行了模块化
XHTML2.0	2002 年 8 月 5 日	一个完全模块化定制的 XHTML 版本，由于 HTML 的兴起，XHTML2.0 工作组被要求停止工作
HTML5.0	2008 年	对 HTML 标准的第五次修订，其主要的目标是将互联网语义化，以便更好地被人类和机器阅读，并更好地支持各种媒体的嵌入。2014 年 10 月，HTML5 标准规范定稿

4. HTML5 的优点

HTML5 是基于 HTML 实现的，不仅兼容 HTML 的内容，还包含 HTML 的相关优势，HTML5 的优点如下。

（1）及时更新。

HTML5 在上线或者更新时，只需将代码更改并保存，不需要经过各种审核，即可随时更新、随时上线，减少时间开销。

（2）跨平台性。

HTML5 编写的页面，可以支持多种端口，如 PC 端、移动端，而不需要针对不同端口做专门开发，不仅节省时间，还可以大幅提升开发效率。

（3）代码简洁。

HTML5 代码简单清晰，带有明确释义的标签，不仅方便开发人员使用，也容易让浏览器识别。

简单来说，HTML5 并非革命性的升级，而是一种规范习惯的妥协，相对于之前的 HTML4.0 版本解决了多个问题。

- 跨浏览器问题。
- 使用标签替代 JavaScript。
- 语义支持明确。
- 增强 Web 应用程序和功能。

另外，HTML5 的设计目的是在移动设备上支持多媒体，为了实现该功能，HTML5 引入多种新标签。

- 图形绘制标签：canvas。
- 语义结构标签：footer、article、aside、nav 等。
- 表单控件标签：date、time、email、url 等。

技能点二　网页编辑器

1. 常用网页编辑器

与其他程序设计语言相同，HTML 的开发同样需要网页编辑器的支持，它能够为开发人员提供便利，提高开发效率。目前，HTML 不仅可以使用记事本进行代码编写，还可以使用网页编辑器进行代码编写，如 Atom、Sublime Text、Dreamweaver、HBuilder、WebStorm、Vscode 等。

（1）Atom

Atom 是由 GitHub 推出的一个基于 Electron 和 Node.js 的跨平台、半开源的文本编辑器，界面简洁、直观，能够支持 HTML、CSS 和 JavaScript 等页面编程语言，具有自动分屏、文件管理等功能，是目前开放程度最高的一款 HTML5 开发工具，可以根据需要自定义快捷键、安装插件等。Atom 图标如图 1-12 所示。

图 1-12　Atom 图标

Atom 除了界面较为优秀外，还具有多个优势。

- 支持 Windows、Mac、Linux 等多个系统。
- 使用文件树列表进行多文件管理。
- 不需手动安装第三方管理插件。
- 使用免费，社区活跃。
- 支持代码高亮显示和代码补全，但需安装相关插件。
- 支持 Markdown 显示。
- 主题插件丰富。

（2）Sublime Text

Sublime Text 是一个跨平台的文本编辑器，在 2008 年 1 月由 Jon Skinner 开发，支持 Windows、Linux、Mac OS X 等操作系统，用户界面美观，功能强大，还可以自定义快捷键、菜单和工具栏。目前，最新版本的 Sublime Text 为 Sublime Text 3，而 Sublime Text 2 同样可以继续使用，其是一款收费软件，但可以无限期试用。Sublime Text 图标如图 1-13 所示。

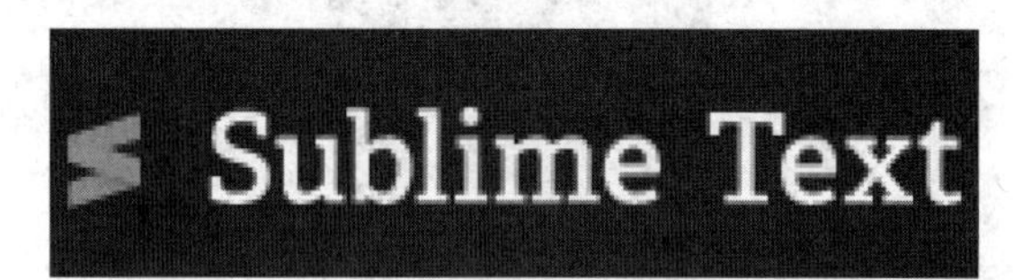

图 1-13　Sublime Text 图标

（3）Dreamweaver

Dreamweaver 简称为“DW”，是当前最受欢迎、应用最广泛的一款网页代码编辑器，支持最新的 Web 技术，包含 HTML 检查、HTML 格式控制、HTML 格式化选项、可视化网页设计、图像编辑等功能，具有集网页制作与网站管理于一体的可视化操作界面，拥有强大的编码环境，如 HTML、CSS、JavaScript 等。Dreamweaver 最初由 Macromedia 公司开发，并于 2005 年 4 月 18 日被 Adobe 公司收购，因此 Dreamweaver 全称为“Adobe Dreamweaver”。Dreamweaver 图标如图 1-14 所示。

图 1-14　Dreamweaver 图标

相比于其他同类型软件，Dreamweaver 具有多个优点。

- 使用时不会产生冗余代码，减小网页文件的大小，方便开发人员编辑。
- 支持多种代码编辑方式，如 HTML 快速编辑器和自建 HTML 编辑器等，开发人员可随时切换。

● 通过 Dreamweaver 的“Behavior”(行为)机制,开发人员可在不懂 JavaScript 的情况下,实现动态效果的添加。

● 在本地站点中,文件的相关信息(名称、位置等)被改变,Dreamweaver 中相应的超级链接也会自动更新。

● 可根据个人需求自定义插件或下载 Dreamweaver 提供的插件强化 Dreamweaver 的功能。

(4)HBuilder

HBuilder 是一款由 DCloud 数字天堂(北京)网络技术有限公司推出的支持 HTML 的 Web 开发 IDE,基于 Java、C、Web 和 Ruby 编写,不仅可以用于 HTML、CSS 和 JavaScript 的开发,还可以用于实现 PHP、JSP 等脚本语言的编辑,并通过语法提示、代码输入法、代码块等,提高网页的开发效率。HBuilder 图标如图 1-15 所示。

图 1-15　HBuilder 图标

目前,HBuilder 的最新版本为“HBuilder X”,简称为“HX”,是一款轻如编辑器、强如 IDE 的合体版本,具有轻巧、极速、强大的语法提示、清爽护眼、高效、markdown 优先等优点。HBuilder X 图标如图 1-16 所示。

图 1-16　HBuilder X 图标

课程思政:创新思维,民族自信

HBuilder 是国内创业公司 DCloud 数字天堂(北京)网络技术有限公司推出的一款编译器,它代表了新一代开放服务的方向,是基于持续更新的云知识库的高效开放工具,能让开发者更加专注于解决问题本身,让技术服务变得更智能。在 HTML5 和大前端领域探索的道路上，DCloud 做出了极具特色的创新和突出贡献，推进了国内移动互联网的发展。在数字化经济中，我们发现越来越多的国产软件正在崛起，我国的工程师用创新的思维、先进的技术，正在引领中国科技向全球发展。

（5）WebStorm

WebStorm 是 JetBrains 公司推出的一款 JavaScript 代码编辑器，强大的智能提示是其最突出的特点，不仅能够用于 HTML、CSS、JavaScript 的开发，还可以实现前端开发、后端开发，以及移动端和桌面应用等代码的编写，被国内 JavaScript 开发者称为“最强大的 HTML 编辑器”。WebStorm 图标如图 1-17 所示。

图 1-17　WebStorm 图标

其中，强大的智能提示只是 WebStorm 的一个功能特性，其还具有多个为开发者提供方便和提高开发效率的功能。

- 代码智能补全。
- 代码格式化。
- HTML5 提示。
- 联想查询并高亮显示。
- 代码重构。
- 代码检查和快速修复。
- 代码调试。
- 代码折叠。

课程思政：工欲善其事，必先利其器

“工欲善其事，必先利其器”经常被引用，其出自《论语·卫灵公》中的“子贡问为仁”。子曰：“工欲善其事，必先利其器。居是邦也，事其大夫之贤者，友其士之仁者。”通俗来说，就是孔子告诉子贡，一个做手工或工艺的人，要想把工作完成，做得完善，应该先把工具准备好。同理，想要学好 HTML5，同样需要做好准备，准备好能够编写 HTML5 代码的工具，这样才能够做到事半功倍，提高学习效率。

2. WebStorm 编辑器可视化界面

目前，WebStorm 的可视化界面根据功能的不同被分为六个主要区域，分别是菜单栏、导航栏、工具栏、项目目录区域、代码编辑区域以及状态栏。WebStorm 可视化界面如图 1-18 所示。

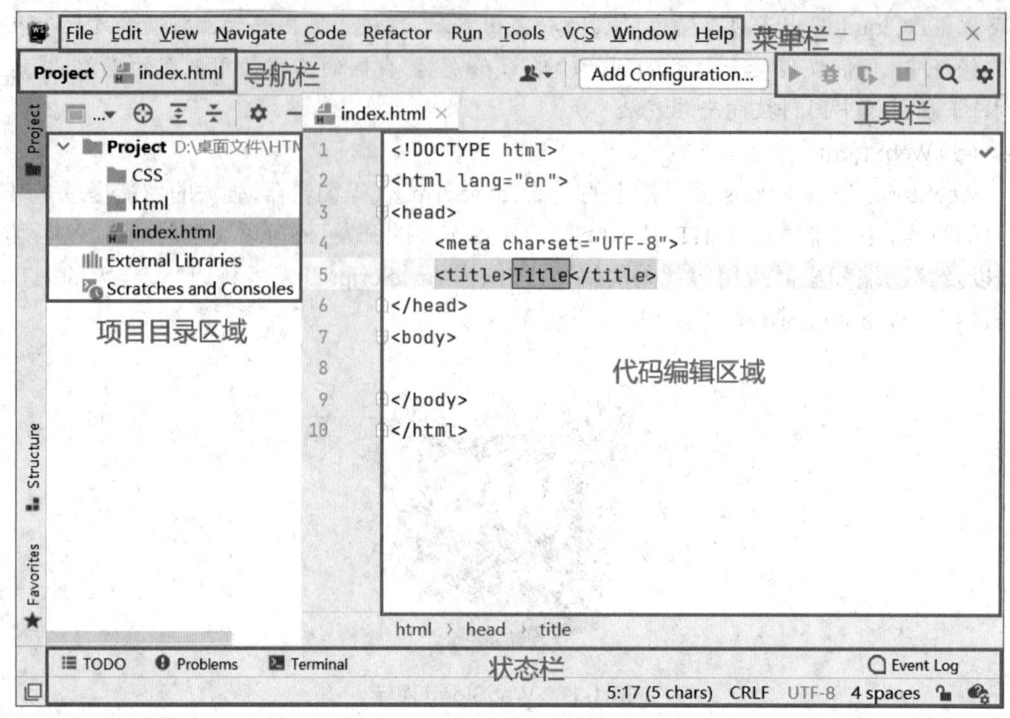

图 1-18 WebStorm 可视化界面

● 菜单栏：包含了 WebStorm 中能够影响整个项目或极大部分项目的功能及命令，主要由十一个菜单项组成，具体功能如表 1-2 所示。

表 1-2 菜单栏组成

菜单项	描述
File	包含 WebStorm 所有文件操作及设置，如 HTML 文件创建，文件夹创建，项目的打开、关闭、保存以及 WebStorm 设置等
Edit	包含 WebStorm 提供的常用编辑功能，如复制、粘贴、删除等
View	包含 WebStorm 可视化界面的设置，如工具窗口设置、外观设置等
Navigate	包含导航的相关功能，如向前、后退、搜索、跳转等
Code	包含代码的相关操作，如折叠、注释、格式化、代码检查等
Refactor	包含 WebStorm 中的重构操作，如重命名、移动或复制到指定目录、安全删除等
Run	包含项目运行时的相关操作，如项目运行、停止、调试等
Tools	包含 WebStorm 提供的常用工具，如模板保存、控制台使用等
VCS	包含 VCS 仓库操作，如本地历史查看、版本控制导入等
Window	包含 WebStorm 显示窗口的设置
Help	包含 WebStorm 相关帮助操作

- 导航栏：快速定位已打开的文件。
- 工具栏：显示常用的功能，能够快速进行项目的运行、停止等操作。
- 项目目录区域：列出当前项目中所包含的文件。
- 代码编辑区域：编写代码。
- 状态栏：显示编辑器的执行状态。

3. WebStorm 编辑器快捷键

WebStorm 为了方便开发人员操作，在使用时，提供了多个快捷键，如撤销、复制、粘贴、代码格式化等，常用的快捷键如表 1-3 所示。

表 1-3　WebStorm 常用的快捷键

快捷键	描述
Ctrl + Shift + Enter	补全当前语句
Ctrl + F1	显示光标所在位置的错误信息或者警告信息
Ctrl + /	行注释 / 取消行注释
Ctrl + Shift + /	块注释 / 取消块注释
Ctrl + Alt + L	根据模板格式将代码格式化
Ctrl + D	复制当前行或者所选代码块
Ctrl + Y	删除光标所在位置行
Ctrl + Delete	删除文字结束
Ctrl + Backspace	删除文字开始
Ctrl + F	当前文件内快速查找代码
Ctrl + Shift + F	指定文件内寻找路径
Ctrl + R	当前文件内代码替代
Ctrl + Shift + R	指定文件内代码批量替代
Shift + F10	运行
Shift + F9	修补漏洞
F11	切换标记
F5	拷贝
F6	移动

技能点三　HTML5 基本结构

一个简单的 HTML5 页面主要由标签和属性构成，它们一起用于标识各个文档部件。

一个 HTML 文档包含两部分内容，分别是头部部分（head）和主体部分（body），具有结构化、与平台无关、简单、易维护等特点，HTML5 文档的基本结构如图 1-19 所示。

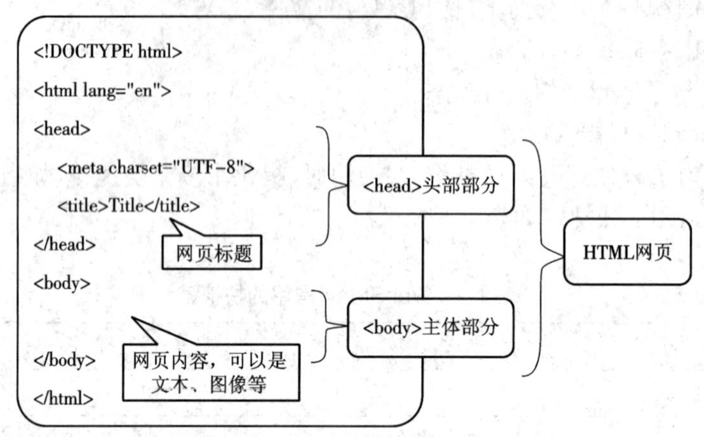

图 1-19 HTML5 文档的基本结构

● <!DOCTYPE html>：定义文档类型，用于向浏览器说明当前文档使用哪种 HTML 标签。

● <html></html>：html 的根元素，表示文档的开始和结束，用于告知浏览器其自身是一个 HTML 文档。

● <head></head>：头部标签，用于定义 HTML5 文档的头部信息，紧跟在 <html> 标签后，里面包括的内容有 <title>、<meta>、<link> 和 <style> 等。

● <body></body>：文件主体，用于定义 HTML5 文档所要显示的内容，在浏览器中所看到的图片、音频、视频、文本等都位于 <body> 内。

● <meta charset="UTF-8">：设置编码格式。

● <title></title>：文件标题。

与 C、Java、Python 等程序设计语言相同，在进行 HTML5 文档的编写时同样需要注意代码的编写规范，具体的 HTML5 文档编写规范如下。

● 标签名和属性名称必须小写。

● HTML 标签必须关闭。

● 属性值必须用引号括起来。

● 标签必须正确嵌套。

● 必须添加文档类型声明。

● 文件命名用英文，不用中文。

课程思政：职业规范

在编写代码时，要遵循代码编写规范，养成良好的代码编写习惯及意识，并遵循岗位职责，培养良好的职业素养。

技能点四　HTML5 基本语法

HTML5 文档包含了多个用于设置内容的标记标签，通常被称为 HTML 标签，是 HTML 中最基本的单位，也是 HTML 最重要的组成部分。HTML 标签主要指用尖括号包围的关键词，根据标签样式的不同，HTML 标签可分为两类，第一类是成对出现的常规标签，也被称为普通标签、对标签、双标签等，如图 1-20 所示。

图 1-20　常规标签

其中，对标签中的第一个标签是开始标签，也称为开放标签，如 <div>；而对标签中的第二个标签是结束标签，也称为闭合标签，如 </div>。

第二类是单个出现的单标签，也被称为空标签，由于是单个出现的，因此没有结束标签，可使用“/”代替，如图 1-21 所示。

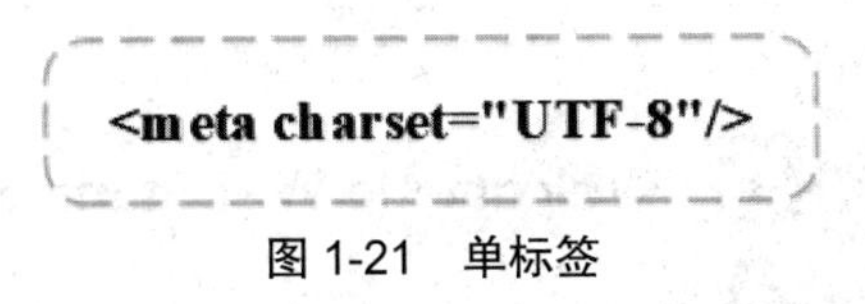

图 1-21　单标签

需要注意的是，在进行标签的设置时，同样需要遵守规则。

● 匹配的对标签以及它们包围的内容称为元素，即“元素 = 开始标签 + 内容 + 结束标签”。

● 开始标签中以名称和值成对出现的内容称为属性，如 charset="UTF-8" 中，charset 为属性，UTF-8 为属性对应的值。

● 标记和属性用空格隔开，属性和属性值用等号连接，属性值必须放在引号内。

● 一个标记可以没有属性也可以有多个属性，属性和属性之间不分先后顺序。

通过上面的学习，了解 HTML 的相关概念、文档结构、基本语法以及编写 HTML 代码的常用编辑器。通过以下几个步骤，完成 WebStorm 网页编辑器的下载、安装及简单使用。

第一步：打开浏览器，输入“https://www.jetbrains.com/webstorm/”进入 WebStorm 官网，点击左下角的“Download”页面跳转后会自动下载，如图 1-22 所示。

图 1-22　WebStorm 下载界面

第二步：双击“WebStorm”安装文件，进入安装 WebStorm 的欢迎界面，如图 1-23 所示。

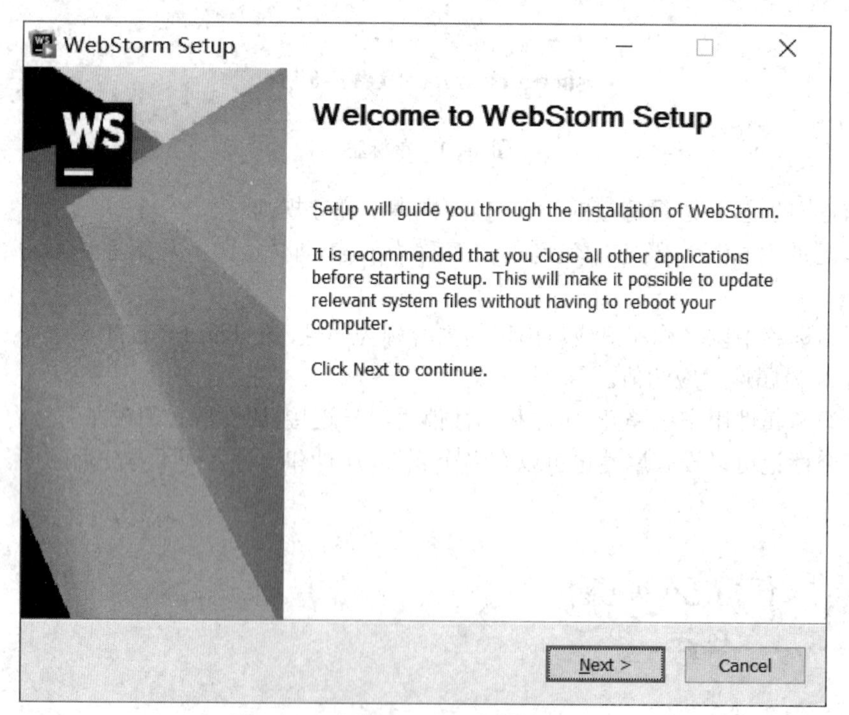

图 1-23　安装 WebStorm 的欢迎界面

第三步：点击“Next”按钮进入安装路径选择界面，在当前页面可点击“Browse...”按钮自定义安装路径，如图 1-24 所示。

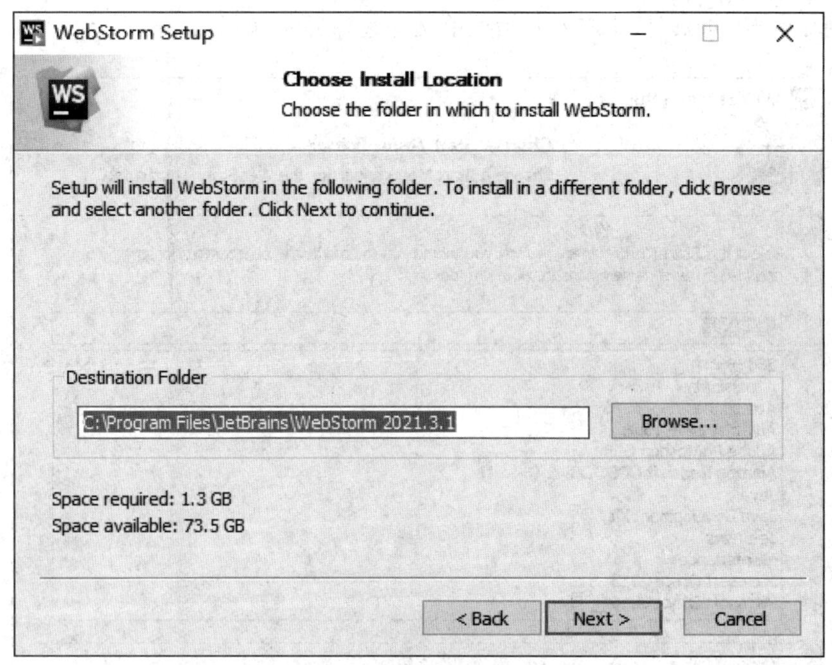

图 1-24　安装路径选择界面

第四步：继续点击“Next”按钮即可进入安装设置界面，可在当前界面选择创建桌面快捷方式，选择从文件夹打开项目，选择 JavaScript、CSS、HTML、JSON 文件使用 WebStorm 打开等，如图 1-25 所示。

WebStorm Setup
Installation Options
Configure your WebStorm installation
Create Desktop Shortcut
WebStorm
Update PATH Variable (restart needed)
Add "bin" folder to the PATH
Update Context Menu
Add "Open Folder as Project"
Create Associations
.js .css .html .json
< Back
Next >
Cancel

图 1-25　安装设置界面

第五步：点击“Next”按钮进入开始菜单文件选择界面，如图 1-26 所示。

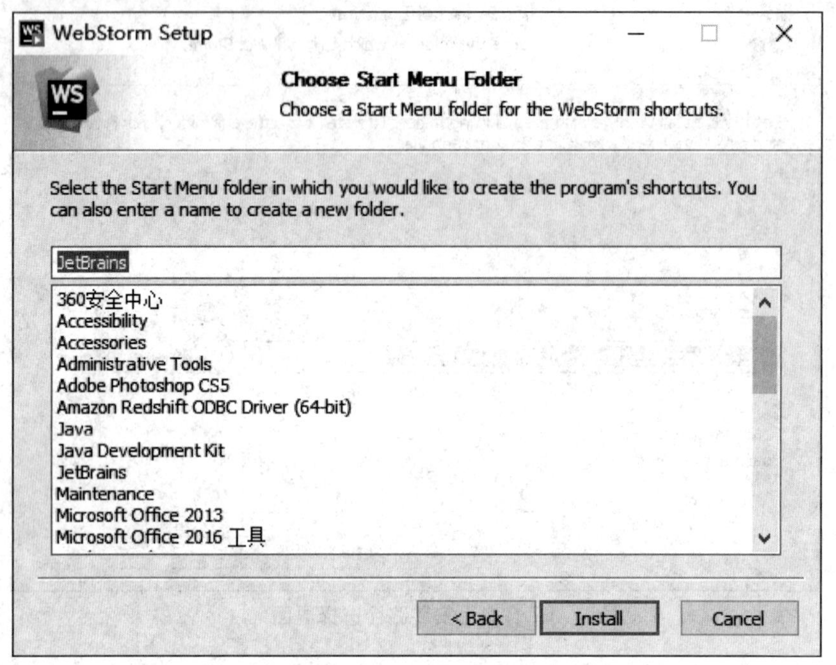

图 1-26 开始菜单文件选择界面

第六步：点击“Install”按钮进行 WebStorm 安装，如图 1-27 所示。

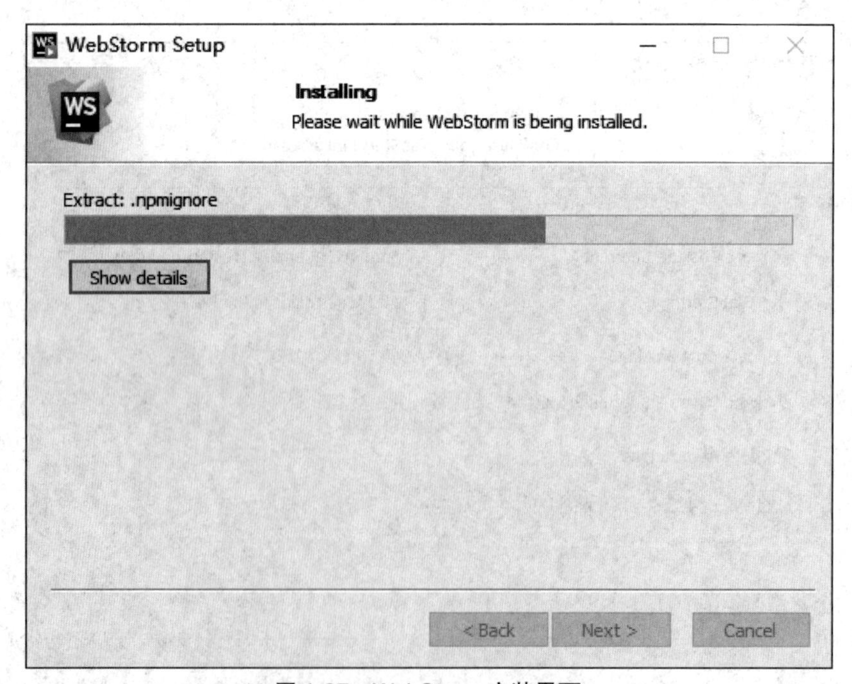

图 1-27 WebStorm 安装界面

第七步：等待安装完成之后，勾选“Run WebStorm”，并点击“Finish”按钮即可完成安装并运行 WebStorm，如图 1-28 所示。

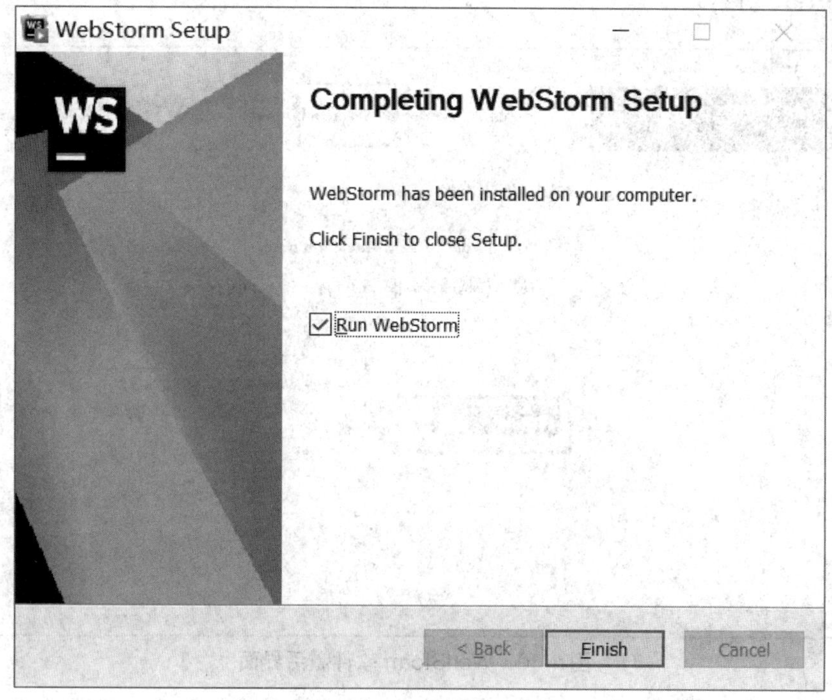

图 1-28　安装完成界面

第八步：首次进入 WebStorm 时会出现用户协议界面，勾选“同意 WebStorm 用户协议”，如图 1-29 所示。

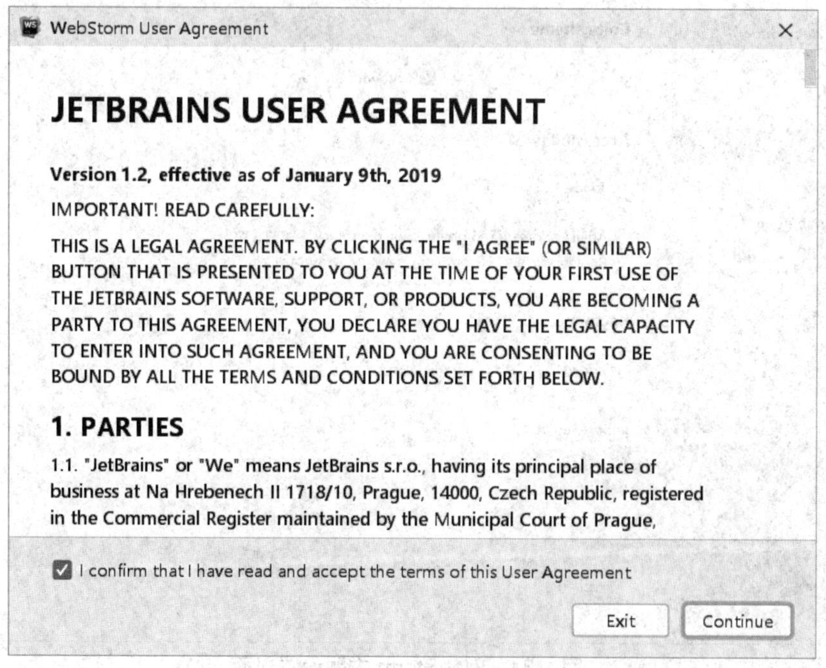

图 1-29　用户协议界面

第九步：点击“Continue”按钮进入 WebStorm 软件激活界面，首次使用可享 30 天免费试用，如图 1-30 所示。

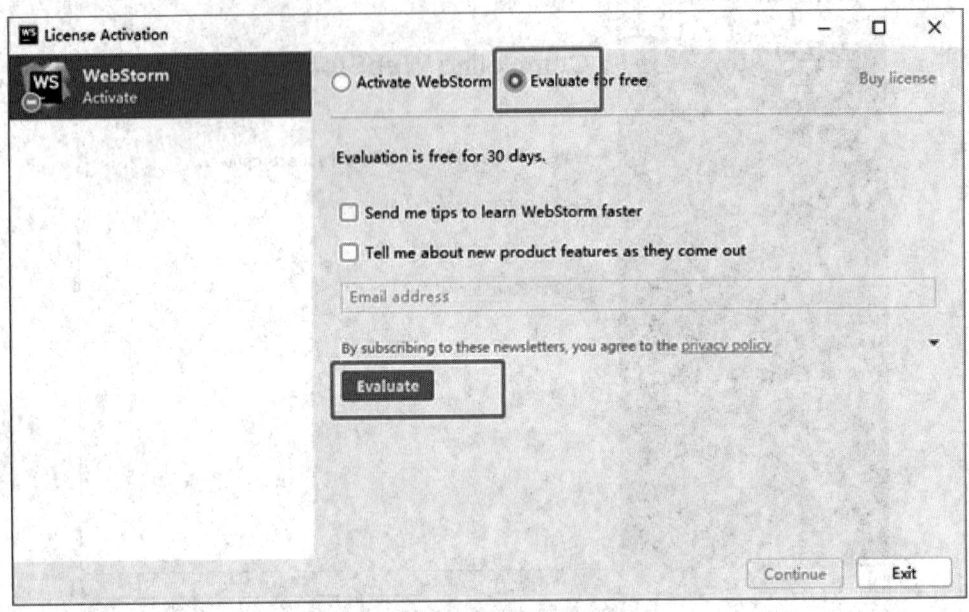

图 1-30　WebStorm 软件激活界面

第十步：点击“Continue”按钮后，选择“Customize”选项卡在“Color theme”（色彩主题）处勾选“Sync with OS”（与操作系统同步），如图 1-31 所示。

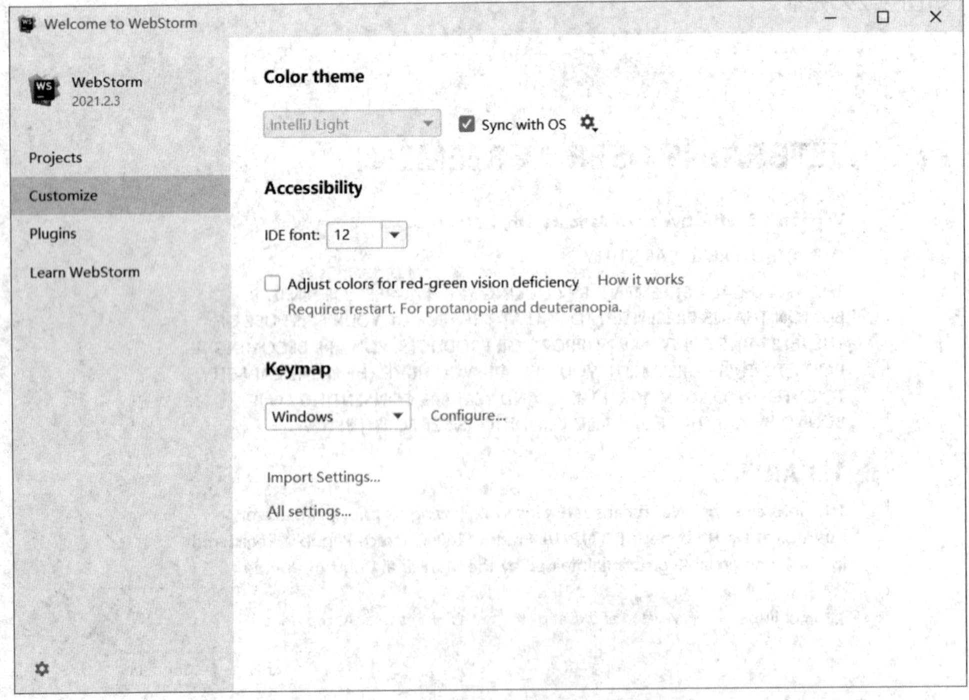

图 1-31　WebStorm 主题设置界面

第十一步：依次点击左侧工具栏中的“Project”→“New Project”→“Empty Project”即可进入项目创建界面，之后选择项目路径及项目名称，效果如图 1-32 所示。

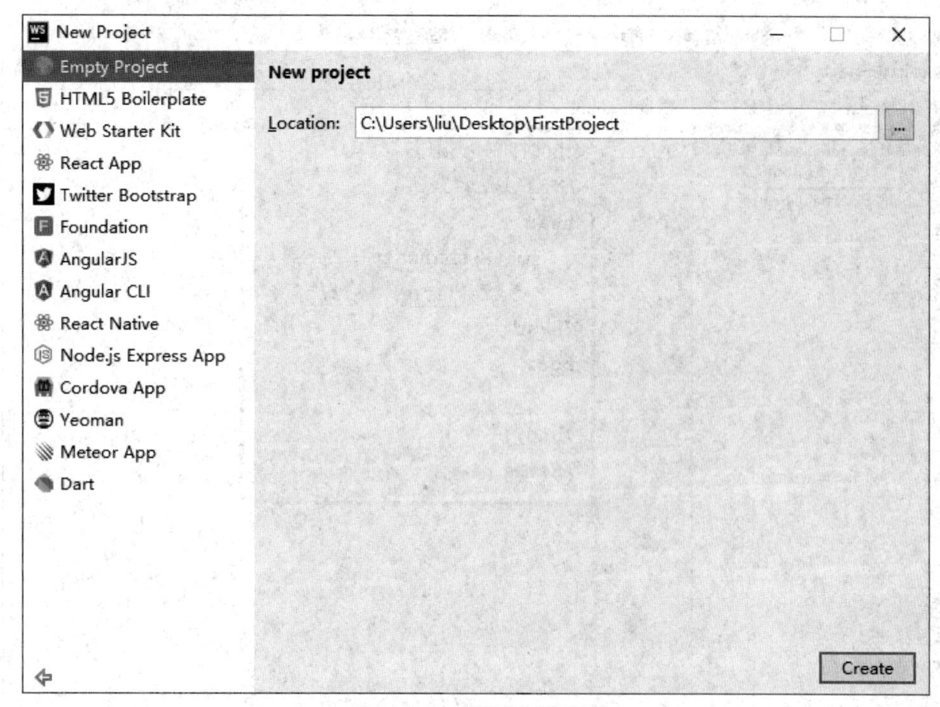

图 1-32　项目创建界面

第十二步：点击“Create”按钮创建项目并进入 WebStorm 主界面，效果如图 1-33 所示。

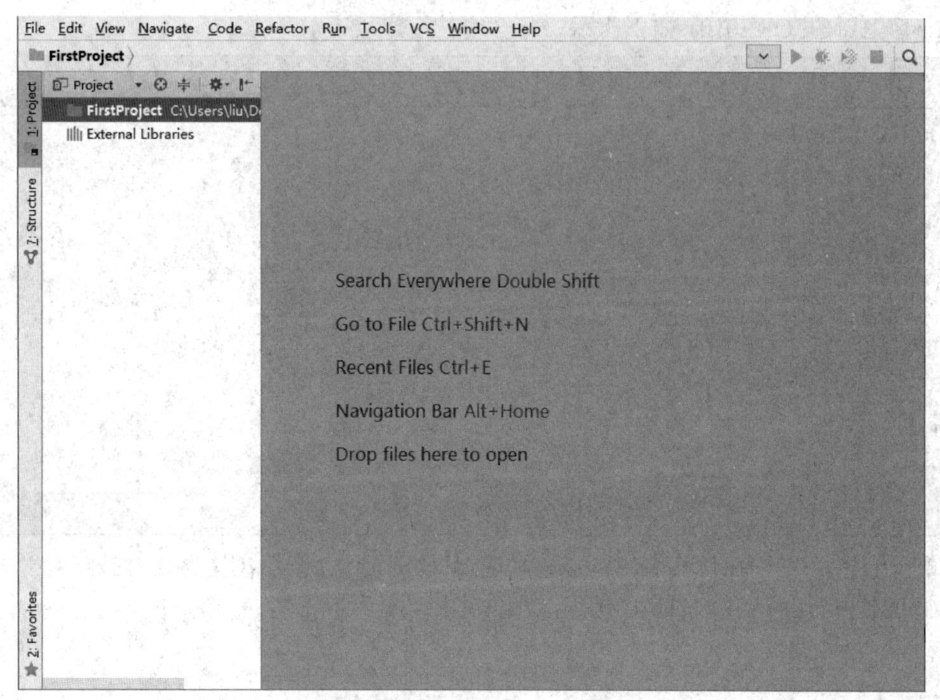

图 1-33　WebStorm 主界面

第十三步：选中项目名称，然后依次点击“File”→“New”→“HTML file”创建一个名为“index”、类型为“HTML file”且包含 HTML5 基本结构的 HTML 文件，效果如图 1-34 所示。

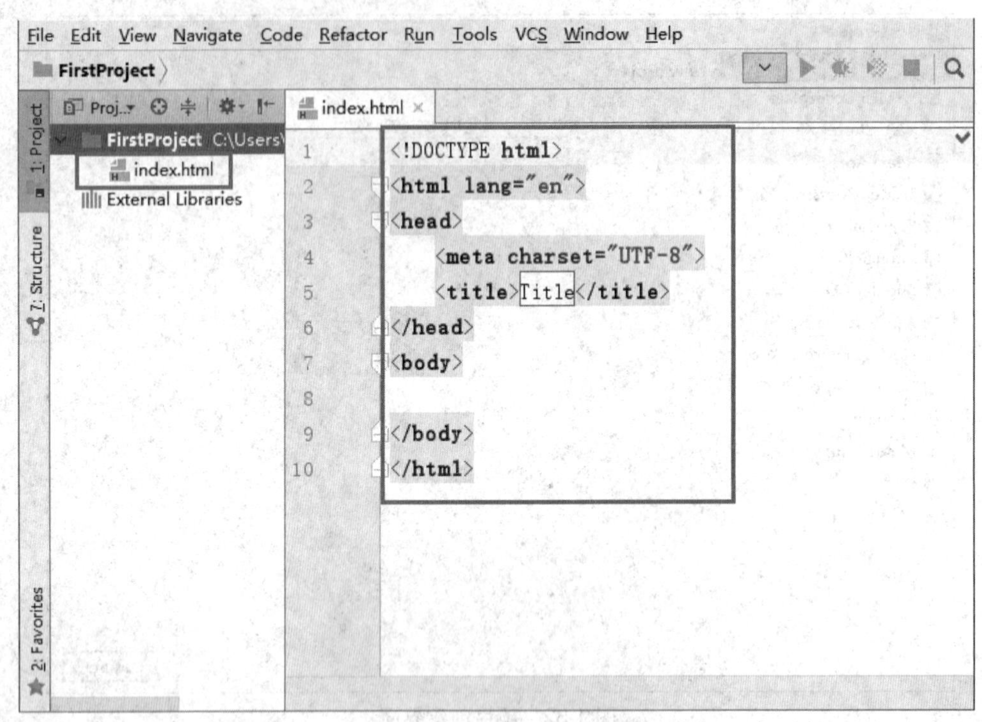

图 1-34　HTML 文件创建

第十四步：编写 HTML 代码，将标题修改为“HTML5”，并在 body 标签中输入“Hello HTML5！”，代码 CORE0101 如下所示。

代码 CORE0101

```
<!DOCTYPE html>
<html lang="en">
<head>
    <meta charset="UTF-8">
    <title>HTML5</title>
</head>
<body>
Hello HTML5！
</body>
</html>
```

第十五步：当鼠标在代码编辑区域移动时，WebStorm 会提示浏览器运行按钮，然后选择所需浏览器即可运行当前 HTML 代码，效果如图 1-35 所示。

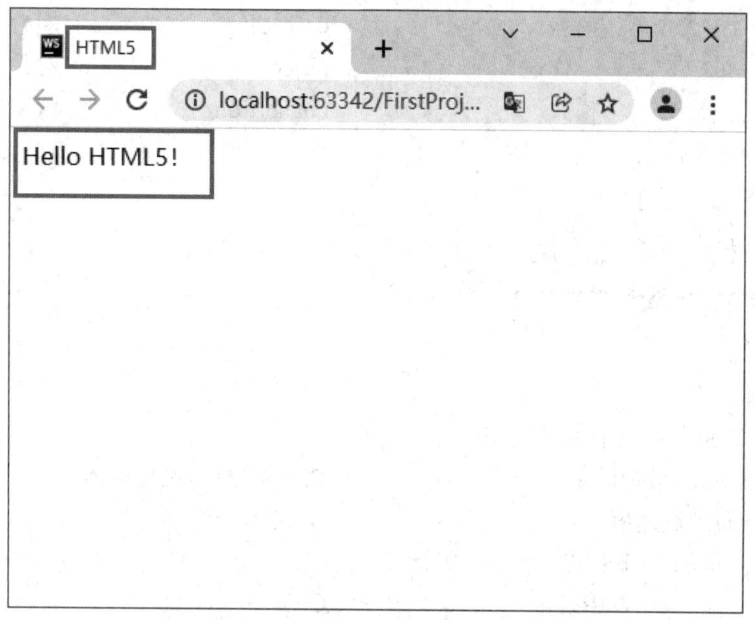

图 1-35　HTML5 页面效果

课程思政:职业道德

职业道德是指在一定职业活动中应遵循的、体现一定职业特征的、调整一定职业关系的职业行为准则和规范。作为软件行业从业人员,要自觉遵守中国软件行业基本公约;有良好的知识产权保护观念和意识,自觉抵制各种违反知识产权保护法规的行为;自觉遵守企业规章制度与产品开发保密制度;遵守有关隐私信息的政策和规程,保护客户隐私。

通过学习 WebStorm 网页编辑器的下载、安装及简单使用,学生应对对 HTML5 相关概念、HTML 基本结构和语法有初步了解,对网页编辑器和 WebStorm 的使用有所了解和掌握,并能够通过所学的 HTML5 基础知识进行 WebStorm 的下载和安装。

structure	结构	presentation	演示
behavior	行为	marked	标记

language	语言	cascading	层叠
sheets	工作表	object	对象
mode	模式	consortium	联盟

1. 选择题

(1)遵循 Web 标准的优势不包含(　　)。

A. 开发效率高,维护简单　　B. 降低网站流量成本

C. 提高页面浏览速度　　D. 结构与表现结合

(2)一个简单的 Web 标准由(　　)个部分构成。

A. 1　　B. 2　　C. 3　　D. 4

(3)CSS 的特点不包括(　　)。

A. 样式丰富　　B. 适用性高　　C. 易于维护　　D. 层叠

(4)WebStorm 的可视化界面根据功能的不同被分为(　　)个主要区域。

A. 2　　B. 4　　C. 6　　D. 8

(5)一个 HTML5 文档包含(　　)部分内容。

A. 1　　B. 2　　C. 3　　D. 4

2. 简答题

(1)简述 HTML5 的优点。

(2)简述 HTML5 的基本结构。

3. 实操题

打开 WebStorm,创建名为 first 的 HTML 文件,之后编写 HTML 代码,在页面中输出“这是我的第一个网页哦。”。

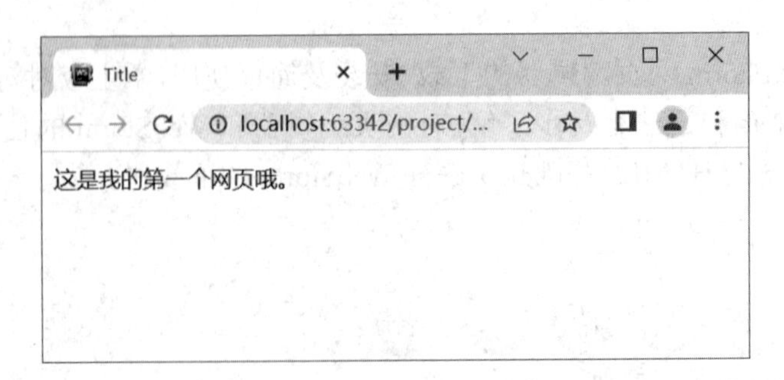

项目二　HTML5 基础标签

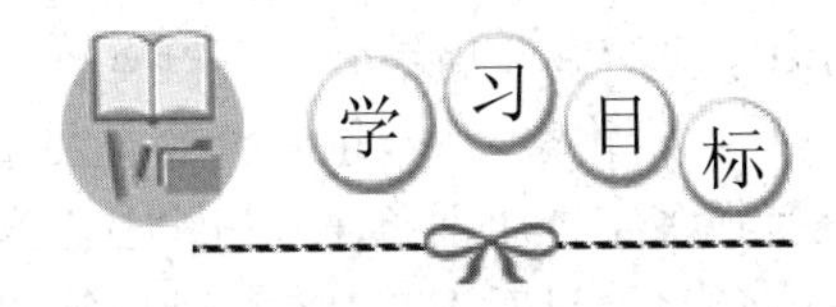

通过对购物平台首页的实现，了解 HTML5 中的基础标签，熟悉基础标签的使用方法，掌握文本、列表、图像、标题等标签的实现效果，具有使用 HTML5 基础标签定义页面元素的能力，在任务实现过程中：

- 了解如何实现一个静态页面；
- 熟悉页面样式的设置方法；
- 掌握 HTML5 基础标签的使用方法；
- 具有实现购物平台首页的能力。

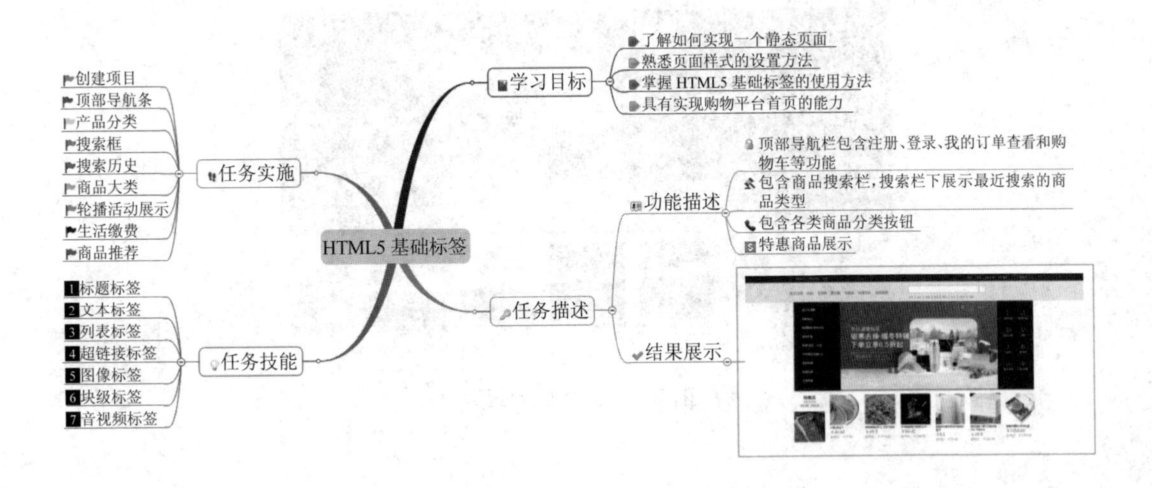

【情境导入】

互联网发展高潮的来临，带动了中国网络购物的发展，现如今中国网络购物的用户规模还在不断攀升，网购已经融入了千家万户。网购平台的商家对店铺和店铺装修等没有较高的要求，省去了开实体店铺需要花费的大量资金，因此商品价格优惠较大，越来越多的人选择网购，这对传统实体店铺冲击较大。为了解决这一问题，很多实体店铺急需开拓线上业务将商品上线到网上购物平台，以减轻实体店铺的压力。本项目通过对 HTML5 基础标签的介绍，最终实现网络购物平台静态页面的制作。

【任务描述】

- 顶部导航栏包含注册、登录、我的订单查看和购物车等功能。
- 包含商品搜索栏，搜索栏下展示最近搜索的商品类型。
- 包含各类商品分类按钮。
- 特惠商品展示。

【效果展示】

通过对本项目的学习，能够使用 HTML5 基础标签等相关知识，实现网络购物平台静态页面的制作，效果如图 2-1 所示。

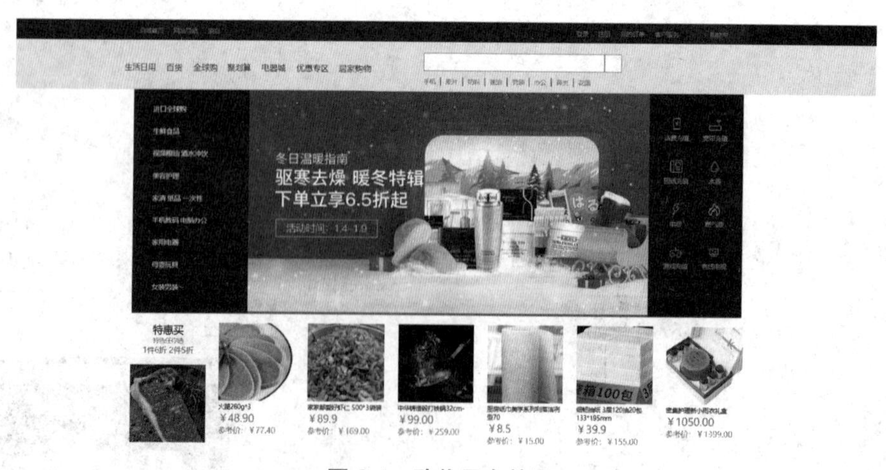

图 2-1 购物平台效果

技能点一　标题标签

标题是一个用于标明文章、作品等内容的简短语句，标题通常以区别于作品正文的样式呈现在作品比较突出的位置，其字体、字号等样式要区别于文章正文或作品。在 HTML5 中可使用 <h> 标签定义标题，<h> 标签从 <h1> 到 <h6> 一共有六个，<h1> 标签定义的标题最大，<h6> 标签定义的标题最小。标题标签的使用效果如图 2-2 所示。

标题标签1
标题标签2
标题标签3
标题标签4
标题标签5
标题标签6

图 2-2　标题标签示例

为了实现图 2-2 的效果，代码如 CORE0201 所示。

代码 CORE0201：标题标签的使用

```
<h1> 标题标签 1</h1>
<h2> 标题标签 2</h2>
<h3> 标题标签 3</h3>
<h4> 标题标签 4</h4>
<h5> 标题标签 5</h5>
<h6> 标题标签 6</h6>
```

技能点二　文本标签

组成一个 Web 页面的基本元素包含文本信息和媒体信息（图片、视频等），在使用 HTML5 编写 Web 页面时，可使用 HTML5 中提供的文本类标签展示文本内容，同时还能够对文本的展示效果进行修饰，如斜体、加粗和添加删除线等，常用的文本标签如表 2-1 所示。

表 2-1　常用的文本标签

标签	说明	标签	说明
<p>	段落标签	<code>	定义计算机代码文本
<address>	定义文档作者信息	<del>	定义被删除文本
<b>	加粗文本	<mark>	定义预定义范围内的度量
<i>	定义斜体文本	<pre>	定义预格式化文本
<small>	定义小号字体	<progress>	定义任何类型的任务的进度
<bdo>	定义文字方向	<u>	定义下画线文本
<blockquote>	定义长引用	<sup>	定义上标文本
<strong>	定义强调文本	<sub>	定义下标文本

1.<p> 标签

<p> 标签是段落标签，主要功能是定义网页中的文本内容，段落标签可以使文本段落上下边距加大。使用段落标签的效果如图 2-3 所示。

<p> 标签是段落标签，主要功能是定义网页中的文本内容，段落标签可以使文本段落上下边距加大

图 2-3　段落标签示例

为了实现图 2-3 的效果，代码如 CORE0202 所示。

代码 CORE0202：<p> 标签的使用

```
<p> 是段落标签，主要功能是定义网页中的文本内容，段落标签可以使文本段落上下边距加大 </p>
```

2.<address> 标签

<address> 标签用于在页面中显示文本类型的作者或所有者的信息，<address> 元素中的文本内容会以斜体样式显示。使用 <address> 标签效果如图 2-4 所示。

作者：李白。
E-mail:www.libai@163.com。
Phone:18888888888。

图 2-4　<address> 标签使用示例

为了实现图 2-4 的效果，代码如 CORE0203 所示。

代码 CORE0203：<address> 标签的使用

```
<address>
    作者：李白。<br>
    E-mail:www.libai@163.com。<br>
    Phone:18 888 888 888。<br>
</address>
```

3. 字体样式标签

字体样式标签用于设置字体的样式，包括加粗、斜体和缩小显示，对应使用的标签为 <b> 标签、<i> 标签和 <small> 标签，字体样式标签使用效果如图 2-5 所示。

字体样式标签 *字体样式标签* 字体样式标签

图 2-5　字体样式标签使用示例

为了实现图 2-5 的效果，代码如 CORE0204 所示。

代码 CORE0204：字体样式标签的使用

```
<b> 字体样式标签 </b>
<i> 字体样式标签 </i>
<small> 字体样式标签 </small>
```

4.<bdo> 标签

<bdo> 标签是设置文字显示方向的标签，通过该标签的 dir 属性控制文本的显示方向，dir 属性包含两个值："rtl"文字自右向左显示和"ltr"文字自左向右显示（默认）。<bdo> 标签使用效果如图 2-6 所示。

文字方向

向方字文

图 2-6　<bdo> 标签使用示例

为了实现图 2-6 的效果，代码如 CORE0205 所示。

代码 CORE0205：<bdo> 标签的使用

```
<p><bdo> 文字方向 </bdo></p>
<p><bdo dir="rtl"> 文字方向 </bdo></p>
```

5.<blockquote> 标签

<blockquote> 标签定义长引用，包含在该标签中的文本元素会与常规文本进行分离，并且在左右两侧添加外边距，blockquote 标签使用效果如图 2-7 所示。

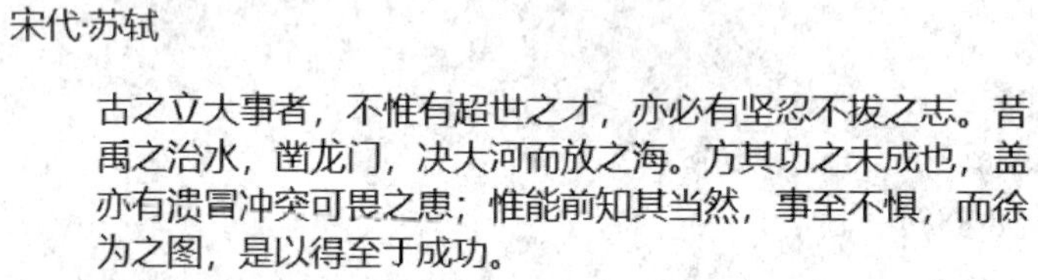

宋代·苏轼

古之立大事者，不惟有超世之才，亦必有坚忍不拔之志。昔禹之治水，凿龙门，决大河而放之海。方其功之未成也，盖亦有溃冒冲突可畏之患；惟能前知其当然，事至不惧，而徐为之图，是以得至于成功。

图 2-7　<blockquote> 标签使用示例

课程思政：坚定信念，勇于奋斗

2018 年 5 月 2 日，习近平在北京大学师生座谈会上的讲话中，曾引用苏轼的“古之立大事者，不惟有超世之才，亦必有坚忍不拔之志。”希望广大青年要培养艰苦奋斗精神，做到理想坚定，信念执着，不怕困难，勇于开拓，顽强拼搏，永不气馁，应该珍惜这个伟大时代，做新时代的奋斗者。

为了实现图 2-7 的效果，代码如 CORE0206 所示。

代码 CORE0206：blockquote 标签的使用

```
宋代·苏轼
<blockquote>
古之立大事者，不惟有超世之才，亦必有坚忍不拔之志。昔禹之治水，凿龙门，决大河而放之海。方其功之未成也，盖亦有溃冒冲突可畏之患；惟能前知其当然，事至不惧，而徐为之图，是以得至于成功。
</blockquote>
```

6.<strong> 标签

<strong> 标签用于强调文本内容，如一个文章要讲的核心思想、课程中的重点内容等，在页面中以加粗的字体显示内容，<strong> 标签使用效果如图 2-8 所示。

示例：**strong标签使用**

图 2-8　<strong> 标签使用示例

为了实现图 2-8 的效果，代码如 CORE0207 所示。

代码 CORE0207：strong 标签的使用
示例：<strong>strong 标签使用 </strong>

7.<code> 标签

<code> 标签用于在页面中展示计算机源代码，在页面中呈现出的效果为等宽字体，<code> 标签使用效果如图 2-9 所示。

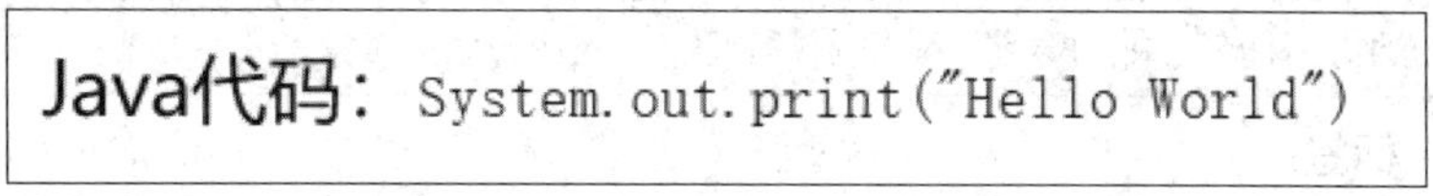

Java代码： System.out.print("Hello World")

图 2-9　<code> 标签使用示例

为了实现图 2-9 的效果，代码如 CORE0208 所示。

代码 CORE0208：<code> 标签的使用
Java 代码：<code>System.out.print("Hello World")</code>

8.<del> 标签

<del> 标签用于定义删除文本，页面中呈现效果为文本居中位置添加删除线，表示被添加删除线的文本所描述的含义已过时，<del> 标签使用效果如图 2-10 所示。

价格：~~1299元~~ 1199元

图 2-10　<del> 标签使用示例

为了实现图 2-10 的效果，代码如 CORE0209 所示。

代码 CORE0209：<del> 标签的使用
价格：<del>1299 元 </del> 1199 元

9.<mark> 标签

<mark> 标签用于突出显示部分文本，突出显示的部分在页面中呈现的效果为添加了黄色背景色，<mark> 标签使用效果如图 2-11 所示。

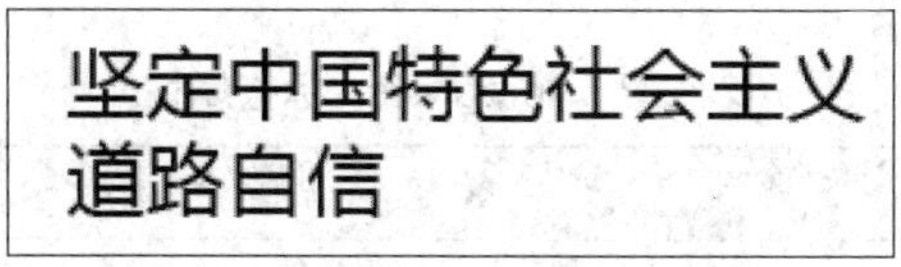

坚定中国特色社会主义道路自信

图 2-11　<mark> 标签使用示例

课程思政：道路自信

道路自信，体现了我们选择中国特色社会主义建设事业实现途径的正确性。历史和人民选择了中国共产党、选择了社会主义道路。中华人民共和国成立以来，尤其是改革开放以来,我国经济社会发展取得的巨大成就和进步,证明了我们的道路抉择是正确的,中国特色社会主义道路顺应时代潮流,符合党心民心。这条道路是党领导全国各族人民在艰难险阻中奋斗探索出来的成功之路,是经过历史和实践检验完全符合中国国情的强国之路,是能够使亿万人民群众过上幸福美好生活的富民之路。

为了实现图 2-11 的效果,代码如 CORE0210 所示。

代码 CORE0210: <mark> 标签的使用

```
<p> 坚定 <mark> 中国特色社会主义道路自信 </mark></p>
```

10.<pre> 标签

<pre> 标签用于定义预格式化文本,包含在 <pre> 标签中的文本会保留空格和换行符、字体为等宽字体,<pre> 标签常用于展示计算机源代码,<pre> 标签使用效果如图 2-12 所示。

```
public static void main(string args[]){
    System.out.print("Hello World");
}
```

图 2-12　<pre> 标签使用示例

为了实现图 2-12 的效果,代码如 CORE0211 所示。

代码 CORE0211: <pre> 标签的使用

```
<pre>
    public static void main(string args[]){
        System.out.print("Hello World");
    }
</pre>
```

11.<progress> 标签

<progress> 标签为任务进度展示标签,该标签在页面中以一个进度条的样式展示,通常与 JavaScript 结合使用,显示任务进度。<progress> 标签在 HTML5 中新增了两个属性用于控制进度条显示任务的完成进度,<progress> 标签属性如表 2-2 所示。

表 2-2　<progress> 标签属性

属性	描述
max	规定完成任务需要多少工作
value	规定已经完成了任务中的多少工作

<progress> 标签使用效果如图 2-13 所示。

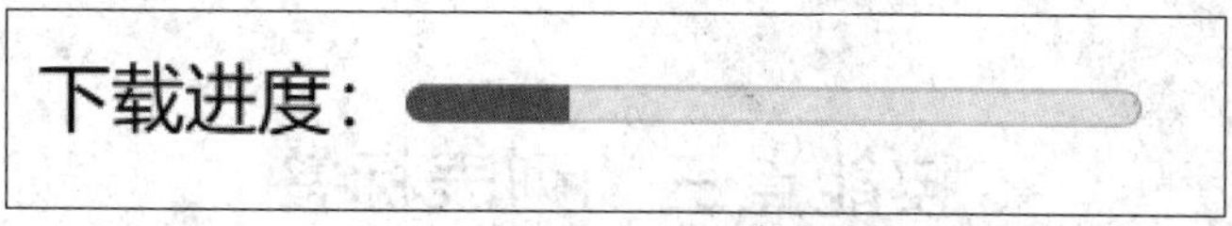

下载进度：

图 2-13　<progress> 标签使用示例

为了实现图 2-13 的效果，代码如 CORE0212 所示。

代码 CORE0212：<progress> 标签的使用

```
下载进度：
<progress value="22" max="100">
</progress>
```

12.<u> 标签

<u> 标签用于定义下画线文本，包含在该标签内的文本会添加一个单下画线，<u> 标签使用效果如图 2-14 所示。

为文本添加下画线

图 2-14　<u> 标签使用示例

为了实现图 2-14 的效果，代码如 CORE0213 所示。

代码 CORE0213：<u> 标签的使用

```
为文本添加 <u> 下画线 </u>
```

13.<sup> 与 <sub> 标签

<sup> 为上标标签，<sub> 为下标标签，上下标标签常用于数学公式、词语注解以及化学和物理公式中，上下标标签使用效果如图 2-15 所示。

圆的面积公式为：πr^2

水的化学公式为：H_2O

图 2-15　<sup> 与 <sub> 标签使用效果

为了实现图 2-15 的效果，代码如 CORE0214 所示。

代码 CORE0214：<sup> 与 <sub> 标签使用

```
圆的面积公式为：πr<sup>2</sup><br>
水的化学公式为：H<sub>2</sub>O
```

技能点三　列表标签

列表标签主要分为无序列表、有序列表和自定义列表三种类型，其中无序列表用 <ul> 标签表示，有序列表用 <ol> 标签表示，自定义列表用 <dt> 标签表示。

1. 无序列表

无序列表类似于 Word 中的项目符号，无序列表表示列表中的项不存在顺序排列的问题，即使打乱顺序重新排列也不影响阅读。无序列表以符号作为子项的标识，在 HTML5 中使用一组 <ul> 标签实现无序列表的创建，使用 <li> 标签创建列表中的每一项，无序列表中可在 <li> 标签中嵌套 <ul><li></li></ul> 结构创建二级列表。

使用无序列表实现文本排列的效果如图 2-16 所示。

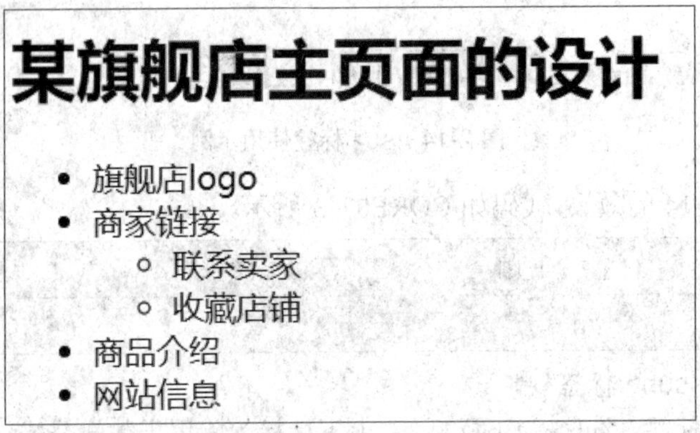

某旗舰店主页面的设计

- 旗舰店logo
- 商家链接
    - 联系卖家
    - 收藏店铺
- 商品介绍
- 网站信息

图 2-16　无序列表的效果

为了实现图 2-16 的效果，代码如 CORE0215 所示。

代码 CORE0215：无序列表的应用

```
<h1> 某旗舰店主页面的设计 </h1>
<ul>
    <li> 旗舰店 logo</li>
    <li> 商家链接
        <ul>
                <li> 联系卖家 </li>
                <li> 收藏店铺 </li>
        </ul>
    </li>
    <li> 商品介绍 </li>
    <li> 网站信息 </li>
</ul>
```

2. 有序列表

有序列表使用 <ol> 标签创建，列表中的每一项使用 <li> 标签表示，列表项的序号可使用字母、数字或罗马数字等样式，有序列表同样可创建二级列表。使用有序列表的效果如图 2-17 所示。

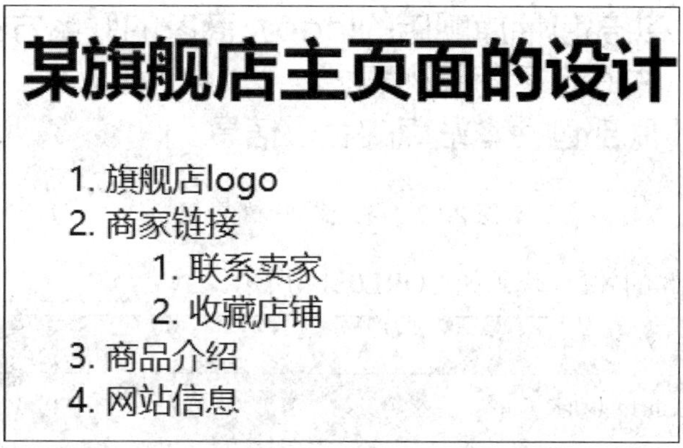

某旗舰店主页面的设计

1. 旗舰店logo
2. 商家链接
    1. 联系卖家
    2. 收藏店铺
3. 商品介绍
4. 网站信息

图 2-17　有序列表的效果

为了实现图 2-17 的效果，代码如 CORE0216 所示。

代码 CORE0216：有序列表的应用

```
<h1> 某旗舰店主页面的设计 </h1>
<ol>
    <li> 旗舰店 logo</li>
    <li> 商家链接
        <ol>
            <li> 联系卖家 </li>
            <li> 收藏店铺 </li>
        </ol>
    </li>
    <li> 商品介绍 </li>
    <li> 网站信息 </li>
</ol>
```

3. 自定义列表

自定义列表由自定义列表和自定义列表项组成，自定义列表使用 <dl> 标签，每个自定义列表项使用 <dt> 标签，每个自定义列表项的定义使用 dd 标签。使用自定义列表的效果如图 2-18 所示。

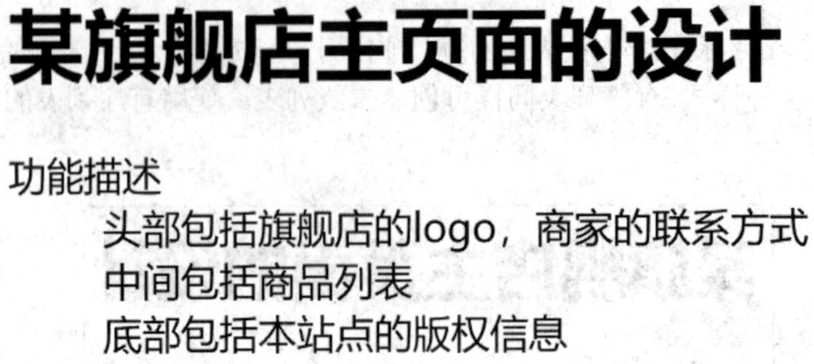

某旗舰店主页面的设计

功能描述

头部包括旗舰店的logo，商家的联系方式

中间包括商品列表

底部包括本站点的版权信息

图 2-18　自定义列表的效果

为了实现图 2-18 的效果，代码如 CORE0217 所示。

代码 CORE0217：定义列表的应用

```
<h1> 某旗舰店主页面的设计 </h1>
<dl>
    <dt> 功能描述 </dt>
    <dd> 头部包括旗舰店的 logo，商家的联系方式 </dd>
    <dd> 中间包括商品列表 </dd>
    <dd> 底部包括本站点的版权信息 </dd>
</dl>
```

技能点四　超链接标签

HTML5 中提供了用于定义超链接的 <a> 标签，该标签可通过 herf 属性指定想要链接到的网页地址或文件地址。<a> 标签的常用属性如表 2-3 所示。

表 2-3　<a> 标签的常用属性

属性	描述	值
href	规定链接指向的页面或文件的 URL	URL
download	规定被下载的超链接目标	filename
target	规定在何处打开链接	_blank：在新窗口中打开链接 _parent：在相同的框架中打开链接 _self：在父框架中打开链接 _top：在整个窗口中打开链接 framename：在指定框架中打开链接

使用 <a> 标签链接一个图片，点击链接下载图片到本地，效果如图 2-19 所示。

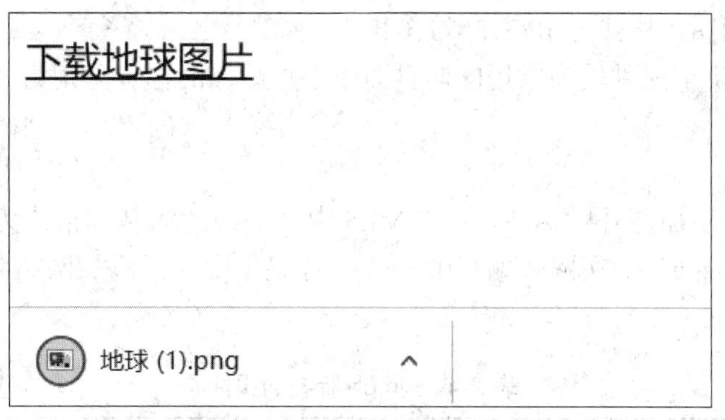

图 2-19　<a> 标签使用效果

为了实现图 2-19 的效果，代码如 CORE0218 所示。

代码 CORE0218：a 标签下载文件
<a href="img/earth.png" download=" 地球 "> 下载地球图片 </a>

使用 <a> 标签中的 href 属性规定链接到百度，实现点击“百度”跳转到百度搜索，效果如图 2-20 和图 2-21 所示。

百度

图 2-20　超链接

图 2-21　百度搜索

为了实现图 2-20 和图 2-21 的效果，代码如 CORE0219 所示。

代码 CORE0219：<a> 标签跳转链接
<a href="http://www.baidu.com"> 百度 </a>

技能点五　图像标签

在网页中添加图片时，图片的格式与代码中图片的格式必须一致，所以需要对图片的格式有一定的了解。在网页中主要使用以下几种图片格式：JPG、PNG、GIF、BMP、PCX、TIFF。

其中使用最广泛的图片格式为 JPG、PNG、GIF。

HTML5 中提供了三种较为常用的向页面中添加图像的标签分别为 <jmg>、<figure> 和 <area> 标签。

1. <img> 标签

<img> 标签是添加图片的标签，在 HTML5 中添加图片的基本格式为：<img src=" 文件夹名称 / 图片名称 .jpg">。在网页编写中 <img> 标签主要用于添加网站 logo 和添加网站信息介绍的图片，<img> 标签的属性如表 2-4 所示。

表 2-4　<img> 标签的属性

属性	值	描述
alt	text	定义有关图形的描述
src	url	要显示的图像的 URL
height	pixels	定义图像的高度
ismap	url	把图像定义为服务器端的图像映射
usemap	url	将图像定义为客户端的图像映射
vspace	pixels	定义图像顶部和底部的空白
width	pixles	设置图像的宽度

如图 2-22 所示的效果是配置一张名为 logo.png 的图片。

图 2-22　img 标签的应用示例

为了实现图 2-22 的效果，代码如 CORE0220 所示。

代码 CORE0220：<img> 标签的使用

```
<img src="./img/logo.png" height="300" width="300" alt="This is a picture" >
```

2. <figure> 标签

<figure> 标签是 HTML 5 中的新标签，用于在文档中插入图像。<figure> 标签代表一段独立的流内容，主要包括图像、文字、代码等。为该标签添加标题时需要使用 <figcaption> 标签，所有主流浏览器都支持 <figure> 标签。使用 <figure> 标签效果如图 2-23 所示。

图 2-23　<figure> 标签设置图片效果

为了实现图 2-23 的效果，代码如 CORE0221 所示。

代码 CORE0221：figure 标签的使用

```
<figure>
    <figcaption>HTML5</figcaption>
    <img src="./img/logo.png" height="300" width="300" alt="This is a picture" >
</figure>
```

3. <map> 标签

<map> 标签表示带有可点击区域的图像映射，定义图像映射内部的区域通常使用 <area> 标签实现，该标签通常与 <img> 标签一起使用。

该标签是 HTML5 中新增的标签。使用 img 标签中的 usemap 属性引用 <map>，标签中 id 或 name 属性（具体 id 或 name 属性不同浏览器规则不同，通常在 <map> 标签中定义 id 和 name 两个属性）。<area> 标签常用属性如表 2-5 所示。

表 2-5　<area> 标签常用属性

属性	值	描述
alt	text	定义此区域的替换文本
coords	坐标值	定义可点击区域（对鼠标敏感的区域）的坐标
href	url	定义此区域的目标 URL

续表

属性	值	描述
nohref	nohref	从图像映射排除某个区域
shape	rect circle poly default	定义区域的形状。“rect”表示矩形，“circle”表示圆形，“poly”表示多边形
target	_blank _parent _self _top	规定在何处打开 href 属性指定的目标 URL

● shape 属性值为“circle”时，坐标设置方式为 coords="x,y,r"，其中 x,y 定义了圆心的位置（一个图像中左上角的坐标为 0,0），r 表示以像素为单位的圆的半径。

● shape 属性值为“rect”时，坐标设置方式为 coords=" x1,y1,x2,y2"，x1,y1 和 x2,y2 分别为两对任意对角的坐标。

● shape 属性值为“poly”时，坐标设置方式为 coords="x1,y1,x2,y2,x3,y3,..."，其中每个坐标为多边形的一个顶点坐标。

使用 <img> 标签和 <area> 标签实现在页面中显示空间站的图片，效果如图 2-24 所示。

图 2-24 空间站图片效果

课程思政：载人航天精神

2005 年 10 月 12 日，“神舟六号”载人飞船发射成功，航天员费俊龙、聂海胜经过 115 小时 32 分钟太空遨游后安全返回地面。之后，中国航天事业走向新的高度。站在中国正式进入空间站时代的时间轴上，我们不由得发现，一次次托举起中华民族的民族尊严与自豪感的正是一种精神。这种精神,就是载人航天精神——特别能吃苦、特别能战斗、特别能攻关、特别能奉献,它也成为民族精神的宝贵财富,激励一代代航天人不忘初心、继续前行。

为了实现图 2-24 的效果,代码如 CORE0222 所示。

代码 CORE0222:<area> 标签的使用

```
<p> 点击图片中的空间站放大。 </p>
<img  src="img/spacestationmini.jpg" usemap="#planetmap" alt="Planets" />
<map name="planetmap" id="planetmap">
    <area
        shape="circle"
        coords="127,101,50"
        href ="img/spacestation.png"
        target ="_blank"
        alt="spacestation" />
</map>
```

技能点六　块级标签

HTML5 中的标签可分为两大类,即行内标签和块标签。块级标签在页面中单独占用一行,默认宽度为 100%,即使设置块标签的宽度小于 100% 仍然独占一行,并且块级标签中可包含行内标签和块标签。行内标签不能单独占用一行,与其他行内标签排成一行,行内标签的宽度为 content 的宽度。<div> 标签即为最常见的块标签之一。<div> 标签称为区域隔离标记,通过 <div> 标签能够对页面中不同的区域进行划分,并且每个 <div> 标签都应拥有独立的 id 或 class 属性,以便进行样式和动作的设置。<div> 标签常用的属性如表 2-6 所示。

表 2-6　<div> 标签常用的属性

属性	说明
id	元素的唯一标识
class	标识元素组,可以将类似的或可以理解为某一类的元素归为一类,为其设置样式或功能
style	用于设置元素样式

使用 <div> 标签将页面分为 header、body 和 footer 三个部分,效果如图 2-25 所示。

图 2-25 <div> 标签使用示例

为了实现图 2-27 的效果，代码如 CORE0223 所示。

代码 CORE0223：<div> 标签的使用

```
<div>
  <div id="header" style="background: red;height: 100px;border: solid">
        <h1>header</h1>
  </div>
  <div id="body" style="background: green;height: 100px;border: solid">
      <h1>body</h1>
  </div>
  <div id="footer" style="background: blue;height: 100px;border: solid">
        <h1>footer</h1>
  </div>
</div>
```

技能点七 音视频标签

一个 HTML 页面中除了包含常规文本和图像元素外还能添加音频与视频，如音乐播放网站、视频播放网站上的音乐和视频都是通过音视频标签添加的，通过在页面中添加音视频能够丰富页面。

1. 音频标签

HTML5 中使用 <audio> 标签在页面中添加音频，<audio> 标签定义了播放声音文件或者音频流的标准，支持三种音频格式，分别是 Ogg Vorbis、MP3 以及 Wav。HTML 代码为

<audio src="a.mp3" controls></audio>，其中 src 规定要播放的音频地址，通过 controls 为 <audio> 标签添加播放、暂停、进度条和音量等功能。

在 HTML5 中，<audio> 标签新增加了一些属性，表 2-7 是新增加的属性列表。

表 2-7　<audio> 标签新增属性表

属性	值	描述
autoplay	autoplay	用来设定音频是否在页面加载后自动播放。如果出现该属性，则音频马上播放
controls	controls	用来设置是否为音频添加控件，如播放、暂停、进度条、音量等，控制条的外观可以自定义
loop	loop	设置音频是否循环播放
muted	muted	规定音频输出是否被静音
preload	preload	如果出现该属性，则音频在页面加载时自动加载，并预备播放； 如果使用“autoplay”，则忽略该属性
src	url	要播放的音频的 URL

audio 标签使用效果如图 2-26 所示。

图 2-26　audio 标签使用效果

为了实现图 2-26 的效果，代码如 CORE0224 所示。

代码 CORE0224：<audio> 标签的使用

```
<h2> 东方红 </h2>
<audio src="/MP3/ 东方红合唱队 %20-%20 东方红 .mp3" controls></audio>
```

2. 视频标签

HTML5 中使用 <video> 标签在页面中添加视频文件，<video> 标签主要是定义播放视频文件或者视频流的标准，支持三种视频格式，分别为 Ogg、WebM 和 MPEG4。HTML 代码为 <video src="" controls="controls">，<video> 标签常用属性如表 2-8 所示。

表 2-8 <video> 标签常用属性

属性	值	描述
autoplay	autoplay	设置视频就绪后自动播放
controls	controls	向用户显示控件
loop	loop	当媒介文件完成播放后再次开始播放
muted	muted	规定视频的音频输出是否被静音
preload	preload	视频在页面加载时进行加载，并预备播放； 如果使用“autoplay”，则忽略该属性
src	url	视频文件的 URL
height	pixels	设置视频播放器的高度
width	pixels	设置视频播放器的宽度
poster	url	规定视频的封面 URL

<video> 标签使用效果如图 2-27 所示。

图 2-27 <video> 标签的使用效果

为了实现图 2-27 的效果，代码如 CORE0225 所示。

代码 CORE0225：<video> 标签的使用

```
<video src="/MP4/video.mp4" controls="controls" loop="loop" width="500px">
</video>
```

课程思政：民族大义，责任担当

视频留住了很多美好的瞬间，记录了很多见证历史的时刻，也记录了我国很多伟人的事迹，让我们后辈得以了解不曾参与的历史。

毛泽东—中国人民的伟大领袖，带领中国人民赢得民族独立并成立了中华人民共和国，带领中国人民走上了社会主义建设道路，提升了中国的国际地位，为中华民族伟大复兴奉献终生。

通过本项目的学习，掌握了 HTML5 中包含的常用标签使用方法以及在页面中的显示效果，为了巩固所学知识，通过以下几个步骤，使用 HTML 设计实现网络购物平台静态页面（注：实现时会使用 CSS 样式部分知识。）

第一步：创建项目。打开 WebStorm 创建名为“Shop”的项目，将网页所需图片复制到该项目下，并新建名为“index.html”的文件，结果如图 2-28 所示。

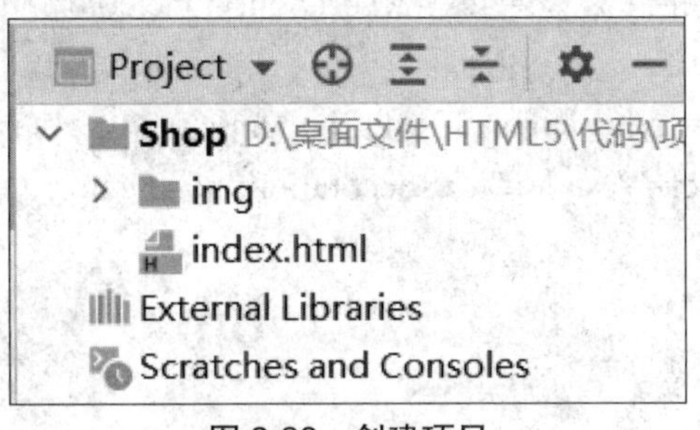

图 2-28　创建项目

第二步：顶部导航条。设置内容占据整个页面，设置导航条高度为 38 像素，背景颜色为黑色（#323232），并添加相关内容，代码 CORE0226 如下所示。

代码 CORE0226: 顶部导航条

```
<body style="margin: 0;padding: 0">
<div style="height: 38px;background-color: #323232">
    <div    style="margin: auto auto;width: 1206px">
        <div    style="color: #a2a2a2;line-height: 38px;float:left;">
            <a href="" style="text-decoration: none;color: inherit;font-size: 12px"> 商城首页 </a>
            <span style="color: #3f3f3f;padding: 0 3px">|</span>
            <a href="" style="text-decoration: none;color: inherit;font-size: 12px"> 网站导航 </a>
            <span style="color: #3f3f3f;padding: 0 3px">|</span>
            <a href="" style="text-decoration: none;color: inherit;font-size: 12px"> 消息 </a>
        </div>
        <div    style="color: #a2a2a2;float:right">
            <div    style="color:    #a2a2a2;float:right;line-height:    38px;height:    38px;text-align: center;width:118px;background-color: #424242">
```

```
                <a href="" class="tit" style="text-decoration: none;color: inherit;font-size:
12px"> 购物车 </a>
            </div>
            <div   style="color: #a2a2a2;line-height: 38px;float:left;margin-right:20px ">
                <a href="" style="text-decoration: none;color: inherit;font-size: 12px"> 登
录 </a>
                <span style="color: #3f3f3f;padding: 0 3px">|</span>
                <a href="" style="text-decoration: none;color: inherit;font-size: 12px"> 注
册 </a>
                <span style="color: #3f3f3f;padding: 0 3px">|</span>
                <a href="" style="text-decoration: none;color: inherit;font-size: 12px"> 我
的订单 </a>
                <span style="color: #3f3f3f;padding: 0 3px">|</span>
                <a href="" style="text-decoration: none;color: inherit;font-size: 12px"> 客
户服务 </a>
            </div>
        </div>
    </div>
</div>
</body>
```

结果如图 2-29 所示。

图 2-29　导航栏

第三步：产品分类。产品分类部分使用无序列表实现，底色为灰色，代码 CORE0227 如下所示。

代码 CORE0227: 产品分类

```
<div style="height: 96px;background-color:#eee;margin-top: 0">
    <div style="width: 1206px;margin-right: auto" >
        <ul   style="display:  block;list-style-type:  disc;margin-top:  0;float:left;margin-left:
200px;height: 57px;padding:40px 4px 0">
            <li style="list-style: none;display: inline;margin-left: 16px">
                <a href="" style="text-decoration: none;font-size: 16px;color: #666"> 生活
日用 </a>
            </li>
            <li style="list-style: none;display: inline;margin-left: 16px">
```

```
                <a href="" style="text-decoration: none;font-size: 16px;color: #666"> 百货
</a>
            </li>
            <li style="list-style: none;display: inline;margin-left: 16px">
                <a href="" style="text-decoration: none;font-size: 16px;color: #666"> 全球
购 </a>
            </li>
            <li style="list-style: none;display: inline;margin-left: 16px">
                <a href="" style="text-decoration: none;font-size: 16px;color: #666"> 聚划
算 </a>
            </li>
            <li style="list-style: none;display: inline;margin-left: 16px">
                <a href="" style="text-decoration: none;font-size: 16px;color: #666"> 电器
城 </a>
            </li>
            <li style="list-style: none;display: inline;margin-left: 16px">
                <a href="" style="text-decoration: none;font-size: 16px;color: #666"> 优惠
专区 </a>
            </li>
            <li style="list-style: none;display: inline;margin-left: 16px">
                <a href="" style="text-decoration: none;font-size: 16px;color: #666"> 居家
购物 </a>
            </li>
        </ul>
    </div>
</div>
```

结果如图 2-30 所示。

图 2-30 商品分类

第四步：搜索框。在无序列表后添加新的 <div> 标签，设置该标签右浮动，上边距为 20 像素，并在该标签中实现搜索框，代码 CORE0228 如下所示。

代码 CORE0228: 搜索框

```
<div  style="float:right;margin-top: 20px">
    <form action="" method="post">
        <input type="text" style="width: 350px;height: 30px;border: 1px solid #ff6700;outline: none;line-height: 30px;padding-left: 4px;float: left">
        <input type="submit" value="" style="width: 34px;height: 34px;float:left;background:#fff url(/img/search.png) center center no-repeat;background-size: 16px 16px;border: 1px solid #ff6700">
    </form>
</div>
```

结果如图 2-31 所示。

图 2-31 搜索框

第五步：搜索历史。在搜索框下方，展示最近八条搜索记录，在与 form 标签同等级的位置添加代码，代码 CORE0229 如下所示。

代码 CORE0229: 搜索历史

```
<div class="top-lt" style="color: #a2a2a2;line-height: 38px;float:left;">
    <a href="" style="text-decoration: none;color: inherit;font-size: 12px"> 手机 </a>
    <span style="color: #3f3f3f;padding: 0 3px">|</span>
    <a href="" style="text-decoration: none;color: inherit;font-size: 12px"> 麦片 </a>
    <span style="color: #3f3f3f;padding: 0 3px">|</span>
    <a href="" style="text-decoration: none;color: inherit;font-size: 12px"> 奶粉 </a>
    <span style="color: #3f3f3f;padding: 0 3px">|</span>
    <a href="" style="text-decoration: none;color: inherit;font-size: 12px"> 酱油 </a>
    <span style="color: #3f3f3f;padding: 0 3px">|</span>
    <a href="" style="text-decoration: none;color: inherit;font-size: 12px"> 男装 </a>
    <span style="color: #3f3f3f;padding: 0 3px">|</span>
    <a href="" style="text-decoration: none;color: inherit;font-size: 12px"> 办公 </a>
    <span style="color: #3f3f3f;padding: 0 3px">|</span>
    <a href="" style="text-decoration: none;color: inherit;font-size: 12px"> 鼻炎 </a>
    <span style="color: #3f3f3f;padding: 0 3px">|</span>
    <a href="" style="text-decoration: none;color: inherit;font-size: 12px"> 花露 </a>
</div>
```

结果如图 2-32 所示。

图 2-32　搜索历史

第六步：左侧导航栏。左侧导航栏中展示了所有的商品大类，在 <body> 标签中添加新 <div> 标签设置宽度为 1 227 px，内容居中显示，在该 <div> 标签中添加另一个 <div> 标签，设置左浮动，宽为 232 px，高为 430 px，使用无序标签显示分类内容，代码 CORE0230 如下所示。

代码 CORE0230: 左侧导航栏

```
<div style="width: 1227px;margin-left: auto;margin-right: auto">
    <div style="float:left;background-color: rgba(0,0,0,0.6);position: absolute;width: 232px;height:430px">
        <ul>
            <li style="list-style: none;line-height: 42px">
                <a href="" style="font-size: 13px;color: white;text-decoration: none"> 进口全球购 </a>
            </li>
            <li style="list-style: none;line-height: 42px">
                <a href="" style="font-size: 13px;color: white;text-decoration: none"> 生鲜食品 </a>
            </li>
            <li style="list-style: none;line-height: 42px">
                <a href="" style="font-size: 13px;color: white;text-decoration: none"> 视频粮油 酒水冲饮 </a>
            </li>
            <li style="list-style: none;line-height: 42px">
                <a href="" style="font-size: 13px;color: white;text-decoration: none"> 美容护理 </a>
            </li>
            <li style="list-style: none;line-height: 42px">
                <a href="" style="font-size: 13px;color: white;text-decoration: none"> 家清 纸品 一次性
                </a>
            </li>
            <li style="list-style: none;line-height: 42px">
```

```
                <a href="" style="font-size: 13px;color: white;text-decoration: none"> 手
机数码 电脑办公
                </a>
            </li>
            <li style="list-style: none;line-height: 42px">
                <a href="" style="font-size: 13px;color: white;text-decoration: none"> 家
用电器
                </a>
            </li>
            <li style="list-style: none;line-height: 42px">
                <a href="" style="font-size: 13px;color: white;text-decoration: none"> 母
婴玩具
                </a>
            </li>
            <li style="list-style: none;line-height: 42px">
                <a href="" style="font-size: 13px;color: white;text-decoration: none"> 女
装男装
                </a>
            </li>
        </ul>
    </div>
</div>
```

结果如图 2-33 所示。

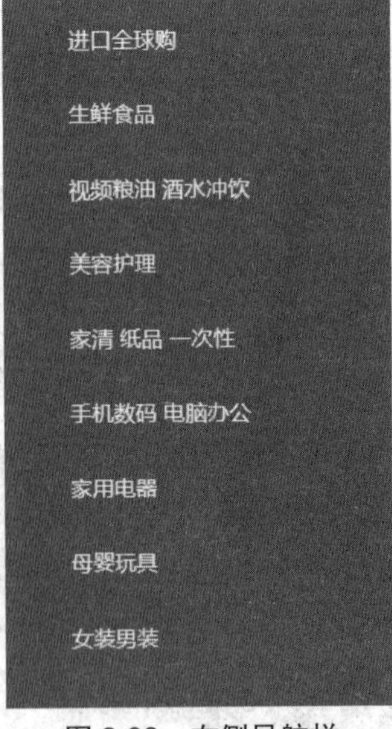

图 2-33　左侧导航栏

第七步：活动展示。使用一张图片，展示当前的商店活动，代码 CORE0231 如下所示。

代码 CORE0231: 活动展示

```
<div style="width: 1227px;margin-left: auto;margin-right: auto">
<div style="float:left;background-color: rgba(0,0,0,0.6);position: absolute;width:
232px;height:430px">
......
</div>
# 活动展示
<div style="float:left;width:1206px;margin-right: 20px;margin-top: -19px;background-color:
red">
    <img src="img/banner1.jpg" style="margin-left: 232px;width: 790px;height: 427px">
</div>
```

结果如图 2-34 所示。

图 2-34　活动展示

第八步：生活缴费。生活缴费设置在活动展示右侧，内容包含了话费充值、宽带充值、水电费等功能，代码添加到活动展示代码后，代码 CORE0232 如下所示。

代码 CORE0232: 生活缴费

```
<div style="background-color: rgba(0,0,0,0.6);position: absolute;width: 185px;height:430px;flo
at:left;margin-left: 1022px">
    <ul style="width: 160px;height: 250px;padding: 16px;font-size: 12px">
        <li style="list-style: none;width: 76px;height: 64.5px;float:left;padding: 18px 0 0
0;text-overflow: ellipsis;opacity: 0.7;text-align:center;color: #fff">
            <a href="" style="color: inherit;text-decoration: none">
                <img style="width: 24px;height: 24px;margin: 0 24px 4px" src="img/
menu1.png">
                话费充值
```

```
            </a>
        </li>
        <li style="list-style: none;width: 76px;height: 64.5px;float:left;padding: 18px 0 0 0;text-overflow: ellipsis;opacity: 0.7;text-align: center;color: #fff">
            <a href="" style="color: inherit;text-decoration: none">
                <img style="width: 24px;height: 24px;margin: 0 24px 4px;color: white" src="img/menu2.png">
                宽带充值
            </a>
        </li>
        <li style="list-style: none;width: 76px;height: 64.5px;float:left;padding: 18px 0 0 0;text-overflow: ellipsis;opacity: 0.7;text-align: center;color: #fff">
            <a href="" style="color: inherit;text-decoration: none">
                <img style="width: 24px;height: 24px;margin: 0 24px 4px" src="img/menu3.png">
                固话充值
            </a>
        </li>
        <li style="list-style: none;width: 76px;height: 64.5px;float:left;padding: 18px 0 0 0;text-overflow: ellipsis;opacity: 0.7;text-align: center;color: #fff">
            <a href="" style="color: inherit;text-decoration: none">
                <img style="width: 24px;height: 24px;margin: 0 24px 4px" src="img/menu4.png">
                水费
            </a>
        </li>
        <li style="list-style: none;width: 76px;height: 64.5px;float:left;padding: 18px 0 0 0;text-overflow: ellipsis;opacity: 0.7;text-align: center;color: #fff">
            <a href="" style="color: inherit;text-decoration: none">
                <img style="width: 24px;height: 24px;margin: 0 24px 4px" src="img/menu5.png">
                电费
            </a>
        </li>
        <li style="list-style: none;width: 76px;height: 64.5px;float:left;padding: 18px 0 0 0;text-overflow: ellipsis;opacity: 0.7;text-align: center;color: #fff">
            <a href="" style="color: inherit;text-decoration: none">
```

```
                <img style="width: 24px;height: 24px;margin: 0 24px 4px" src="img/
menu6.png">
                燃气费
            </a>
        </li>
        <li style="list-style: none;width: 76px;height: 64.5px;float:left;padding: 18px 0 0
0;text-overflow: ellipsis;opacity: 0.7;text-align: center;color: #fff">
            <a href="" style="color: inherit;text-decoration: none">
                <img style="width: 24px;height: 24px;margin: 0 24px 4px" src="img/
menu7.png">
                游戏充值
            </a>
        </li>
        <li style="list-style: none;width: 76px;height: 64.5px;float:left;padding: 18px 0 0
0;text-overflow: ellipsis;opacity: 0.7;text-align: center;color: #fff">
            <a href="" style="color: inherit;text-decoration: none">
                <img style="width: 24px;height: 24px;margin: 0 24px 4px" src="img/
menu8.png">
                <span> 有线电视 </span>

            </a>
        </li>
    </ul>
</div>
```

结果如图 2-35 所示。

图 2-35　生活缴费

第九步：商品推荐。商品推荐为最近的热门和促销商品的展示，包括商品名、价格等信息，在 body 标签中添加代码，代码 CORE0233 如下所示。

代码 CORE0233: 商品推荐

```
<div style="width: 1310px;margin-left: auto;margin-right: auto">
    <ul style="width: 1310px;font-size: 12px;">
        <li style="list-style: none;width: 150px;float:left;padding: 18px 0 0 0;margin-right: 27px;text-align: center">
            <a href="" style="color: inherit;text-decoration: none">
                <span style="font-size: 20px"> 特惠买 </span><br>
                <span style="color: #a2a2a2;margin-top: 50px"> 特色任你选 </span><br>
                <span style="color: red;font-size: 15px;">1 件 6 折 2 件 5 折 </span>
                <img style="width: 150px;height: 150px;margin-top: 19px" src="img/commodity1.png"><br>
            </a>
        </li>
        <li style="list-style: none;width: 150px;float:left;padding: 18px 0 0 0;margin-right: 27px">
            <a href="" style="color: inherit;text-decoration: none">
                <img style="width: 150px;height: 150px;" src="img/commodity2.png"><br>
                <span> 火腿 280 g*3</span><br>
                <span style="color: #ff6700;font-size: 20px"> ￥48.90</span><br>
                <span style="color: #a2a2a2;font-size: 15px"> 参考价：￥77.40</span>
            </a>
        </li>
        <li style="list-style: none;width: 150px;float:left;padding: 18px 0 0 0;margin-right: 27px">
            <a href="" style="color: inherit;text-decoration: none">
                <img style="width: 150px;height: 150px;" src="img/commodity3.png"><br>
                <span> 家家都爱好虾仁 500*3 袋装 </span><br>
                <span style="color: #ff6700;font-size: 20px"> ￥89.9</span><br>
                <span style="color: #a2a2a2;font-size: 15px"> 参考价：￥169.00</span>
            </a>
        </li>
        <li style="list-style: none;width: 150px;float:left;padding: 18px 0 0 0;margin-right: 27px">
            <a href="" style="color: inherit;text-decoration: none">
```

```
                <img style="width: 150px;height: 150px;" src="img/commodity4.
jpg"><br>
                <span>kims cook KC 中华铸造锻打铁锅 32 cm-</span><br>
                <span style="color: #ff6700;font-size: 20px"> ￥99.00</span><br>
                <span style="color: #a2a2a2;font-size: 15px"> 参考价：￥259.00</span>
            </a>
        </li>
        <li style="list-style: none;width: 150px;float:left;padding: 18px 0 0 0;margin-right:
27px">
            <a href="" style="color: inherit;text-decoration: none">
                <img style="width: 150px;height: 150px;" src="img/commodity5.
png"><br>
                <span> 厨房纸巾美学系列利落洁冽型 70</span><br>
                <span style="color: #ff6700;font-size: 20px"> ￥8.5</span><br>
                <span style="color: #a2a2a2;font-size: 15px"> 参考价：￥15.00</span>
            </a>
        </li>
        <li style="list-style: none;width: 150px;float:left;padding: 18px 0 0 0;margin-right:
27px">
            <a href="" style="color: inherit;text-decoration: none">
                <img style="width: 150px;height: 150px;" src="img/commodity6.
png"><br>
                <span> 细韧抽纸 3 层 120 抽 20 包 133*195 mm</span><br>
                <span style="color: #ff6700;font-size: 20px"> ￥39.9</span><br>
                <span style="color: #a2a2a2;font-size: 15px"> 参考价：￥155.00</span>
            </a>
        </li>
        <li style="list-style: none;width: 150px;float:left;padding: 18px 0 0 0;margin-right:
27px">
            <a href="" style="color: inherit;text-decoration: none">
                <img style="width: 150px;height: 150px;" src="img/commodity7.
jpg"><br>
                <span> 密集护理新小雨衣礼盒（奥丽顺柔发膜 </span><br>
                <span style="color: #ff6700;font-size: 20px"> ￥1050.00</span><br>
                <span style="color: #a2a2a2;font-size: 15px"> 参考价：￥1399.00</span>
```

```
                </a>
            </li>
        </ul>
        </ul>
</div>
```

结果如图 2-36 所示。

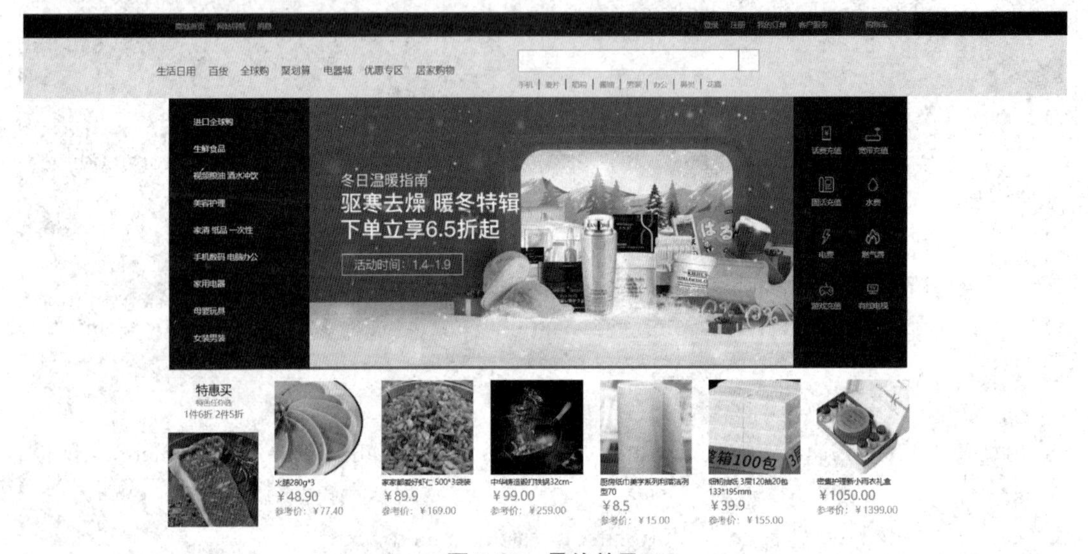

图 2-36　最终效果

本项目通过对网上购物平台静态页面的实现，对标题标签、文本标签、列表标签、超链接标签、图像标签和音视频标签有所了解，对 HTML5 基础标签有所了解和掌握，并能够通过所学的基础标签知识完成网络购物平台静态页面的制作。

small	小的	footer	页脚
target	目标	height	高度
blank	空白的	figure	图形

header	页眉	planetmap	行星地图
video	视频	decoration	装饰

1. 选择题

（1）文本标签中用于定义任何类型的任务进度的标签为（　　）。

A. <strong>　　B. <address>　　C. <progress>　　D. <mark>

（2）列表标签中用于定义无序列表的标签为（　　）。

A. <ul><li>　　B. <ol><li>　　C. <dl><dt>　　D. <dd><dl>

（3）使用超链接标签的 target 属性规定在父框架中打开链接的是（　　）。

A. _blank　　B. _parent　　C. _self　　D. _top

（4）音频标签中使用（　　）属性设置音频是否循环播放。

A. preload　　B. muted　　C. autoplay　　D. loop

（5）<img> 标签中添加图片时使用（　　）属性定义图形的描述。

A. height　　B. alt　　C. usemap　　D. vspace

2. 简答题

（1）简述常用的文本标签及其功能（至少 5 个）。

（2）简述不用类型列表的定义。

3. 实操题

使用 HTML5 基本标签实现购物页面的制作。

项目三　HTML5 表格与表单

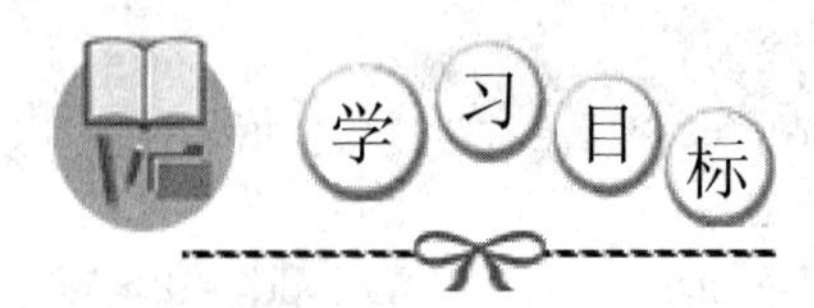

通过对员工基础信息采集页面的实现，了解表格与表单，熟悉表格与表单的常用标签，掌握表格与表单标签的常用属性及含义，具有使用 HTML5 表格与表单实现员工基础信息采集页面制作的能力，在任务实现过程中：

- 了解表格在页面中的实现方式；
- 熟悉页面中常见的表格结构及定义方法；
- 掌握各类表单标签的定义及表单提交方式；
- 具有实现员工基础信息采集页面的能力。

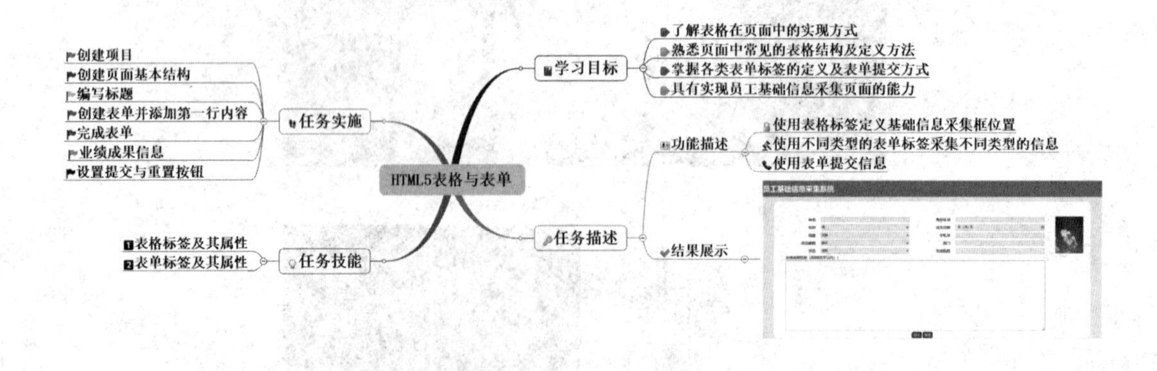

【情境导入】

传统的纸质员工基础信息档案虽然适合长期保存，但如遇到员工信息需要更新或需要查找员工信息时，需要在众多纸质员工信息中逐一进行查找并重新打印表格进行更新，造成了资源和时间的浪费以及人力成本的增加。很多企业在员工信息管理方面都会使用软件系统，例如员工基础信息采集系统，需要根据填写信息类型的不同而使用不同的表单标签并使用表单进行提交。本项目通过对 HTML5 表格与表单标签的学习，最终实现员工基础信息采集页面的制作。

【任务描述】

- 使用表格标签定义基础信息采集框位置。
- 使用不同类型的表单标签采集不同类型的信息。
- 使用表单提交信息。

【效果展示】

通过对本项目的学习，能够通过 HTML5 表格与表单知识的学习，实现员工基础信息采集页面的制作，效果如图 3-1 所示。

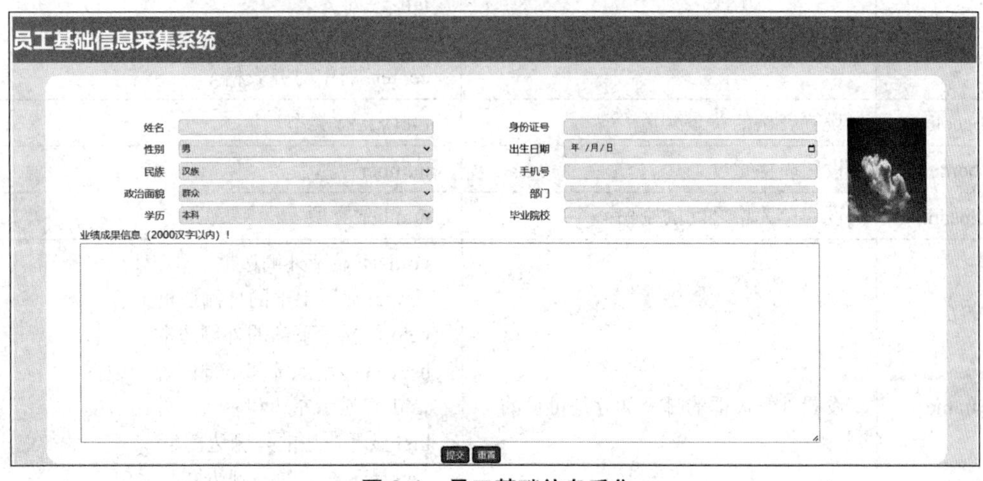

图 3-1　员工基础信息采集

技能点一　表格标签及其属性

1. 表格

表格简称为表，是一种网格状的可视化交流模式，是一种组织整理结构化数据的手段。在科学研究、数据分析、数据统计活动中经常会使用到各式各样的表格。这些表格经常出现在印刷物、计算机软件、交通标志等许多方面。典型表格应用 Excel 是表格数据处理最常用的方式，随着互联网的发展，为了更好地在网页中展示数据，HTML5 同样可以在 Web 页面中绘制表格展示数据。

2. 基础表格标签

在编写页面时，表格标签是非常重要的标签，可以通过表格标签对文字和图片进行排版。在 HTML5 中可使用 table 标签定义表格，包含了多种用于设置表格的属性，如对齐方式、背景颜色等，常用属性如表 3-1 所示。

表 3-1　<table> 标签常用属性

属性	描述	值
align	设置表格相对周围元素的对齐方式	left：左对齐表格 right：右对齐表格 center：居中对齐表格
bgcolor	设置表格的背景颜色	rgb(x,x,x) 类型
border	设置表格宽度	number 类型
cellpadding	设置单元格之间的空白	number 类型
frame	设置外侧边框的哪个部分是可见的	void：不显示外侧边框 above：显示上部的外侧边框 below：显示下部的外侧边框 hsides：显示上部和下部的外侧边框 vsides：显示左边和右边的外侧边框 lhs：显示左边的外侧边框 rhs：显示右边的外侧边框 box：在所有四个边上显示外侧边框 border：在所有四个边上显示外侧边框

续表

属性	描述	值
rules	设置内侧边框的哪个部分是可见的	none:没有线条 groups:位于行组和列组之间的线条 rows:位于行之间的线条 cols:位于列之间的线条 all:位于行和列之间的线条
summary	设置表格的摘要	text
width	设置表格的宽度	pixels

需要注意的是,表格是由行和列组成的,因此,表格中必须有明确的行数和单元格数量(列数)。可在 <table> 标签中使用 <tr> 标签对表格中行进行定义,有多少个 <tr> 标签就表示有多少个行,其同样包含了多个设置属性。<tr> 标签常用属性如表 3-2 所示。

表 3-2　<tr> 标签常用属性

属性	描述	值
align	定义表格行中内容的水平对齐方式	right:左对齐内容(默认值) left:右对齐内容 center:居中对齐内容(th 元素的默认值) justify:两端对齐内容,即对行进行调整,使每行都可以有相等的长度(如报纸和杂志中的文字均匀分布在左右页边距之间) char:将内容对准指定字符
bgcolor	定义表格行的背景颜色	rgb(x,x,x) 类型
char	定义根据哪个字符来进行文本对齐	character 类型
charoff	定义第一个对齐字符的偏移量	number 类型
valign	定义表格行中内容的垂直对齐方式	Top:对内容进行上对齐 Middle:对内容进行居中对齐 Bottom:对内容进行下对齐 Baseline:与基线对齐

每行中单元格通过 <td> 标签定义,单元格中可以包含文本、图片、列表、段落、表单、水平线、表格等内容。<td> 标签常用属性如表 3-3 所示。

表 3-3　<td> 标签常用属性

属性	描述	值
abbr	设置单元格中内容的缩写版本	text 类型

续表

属性	描述	值
align	设置单元格内容的水平对齐方式	left：左对齐内容 right：右对齐内容 center：居中对齐内容 justify：两端对齐内容，即对行进行调整，使每行都可以有相等的长度 char：将内容对准指定字符
bgcolor	设置单元格的背景颜色	rgb(x,x,x)
char	设置根据哪个字符来进行内容的对齐	character 类型
charoff	设置对齐字符的偏移量	number 类型
colspan	设置单元格可横跨的列数	number 类型
headers	设置与单元格相关的表头	header_cells'_id
height	设置单元格的高度	pixels 类型
nowrap	设置单元格中的内容是否转行	nowrap
rowspan	设置单元格可横跨的行数	number 类型
scope	定义将表头数据与单元格数据相关联的方法	col：规定单元格是列的表头 colgroup：规定单元格是列组的表头 row：规定单元格是行的表头 rowgroup：规定单元格是行组的表头
valign	设置单元格内容的垂直排列方式	top: 对内容进行上对齐 middle: 对内容进行居中对齐（默认值） bottom: 对内容进行下对齐 baseline: 与基线对齐
width	设置表格单元格的宽度	pixels 类型

创建一个三行两列的表格效果如图 3-2 所示。

姓名	年龄
孙悟空	500
唐僧	30

图 3-2 表格标签使用效果

为了实现图 3-2 的效果，代码 CORE0301 如下所示。

代码 CORE0301: 表格标签代码

```
<table border="1" width="500px">
    <tr align="center">
        <td bgcolor="red"> 姓名 </td>
        <td bgcolor="red"> 年龄 </td>
    </tr>
    <tr>
        <td> 孙悟空 </td>
        <td>500</td>
    </tr>
    <tr>
        <td> 唐僧 </td>
        <td>30</td>
    </tr>
</table>
```

3. 定义表格标题

表格标题用于概括表格中的数据，通常使用一段简短的文字进行描述，通过标题能够了解表格中的数据类型（销售数据、库存数据等）。HTML5 中可使用 <caption> 标签为表格添加标题。<caption> 标签在使用时需要紧跟 <table> 标签，<caption> 标签常用属性如表 3-4 所示。

表 3-4　<caption> 标签常用属性

属性	描述	值
align	规定标题的对齐方式	left: 标题在表格的左边 right: 标题在表格的右边 top: 标题在表格的上边（默认） bottom: 标题在表格的下边

运用表格标题标签，将标题设置在底部的效果如图 3-3 所示。 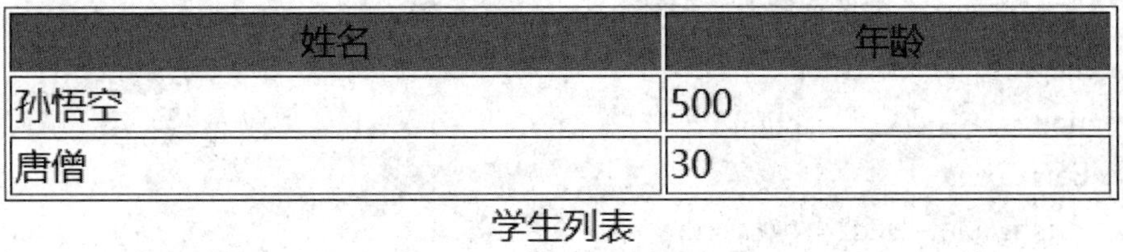

姓名	年龄
孙悟空	500
唐僧	30

学生列表

图 3-3　表格标题标签使用效果

为了实现图 3-3 的效果，代码 CORE0302 如下所示。

代码 CORE0302: 表格标题代码

```
<table border="1" width="500px">
    <caption align="bottom"> 学生列表 </caption>
    <tr align="center">
        <td bgcolor="red"> 姓名 </td>
        <td bgcolor="red"> 年龄 </td>
    </tr>
    <tr>
        <td> 孙悟空 </td>
        <td>500</td>
    </tr>
    <tr>
        <td> 唐僧 </td>
        <td>30</td>
    </tr>
</table>
```

4. 定义表格中表头单元格

在 HTML5 中，可在 <tr> 标签中使用 <th> 标签为表格添加表头，包含在 <th> 标签中的文本以粗体文本的样式显示，主要用于对每列表格中数据的类型（年龄、姓名、班级等）进行描述。<th> 标签包含的属性与 <td> 标签一致，如表 3-3 所示。<th> 标签使用效果如图 3-4 所示。

学生列表

姓名	**年龄**
孙悟空	500
唐僧	30

图 3-4 <th> 标签使用效果

为了实现图 3-4 的效果，代码 CORE0303 如下所示。

代码 CORE0303: 定义表头代码

```
<table border="1" width="500px">
    <caption> 学生列表 </caption>
    <tr align="center">
        <th bgcolor="red"> 姓名 </th>
        <th bgcolor="red"> 年龄 </th>
    </tr>
    <tr>
```

```
        <td> 孙悟空 </td>
        <td>500</td>
    </tr>
    <tr>
        <td> 唐僧 </td>
        <td>30</td>
    </tr>
</table>
```

课程思政:科技创新,责任担当

表格在我们日常生活中的应用非常广泛,其起源大概要从结绳记事、易货交易说起。那时候为了方便计算,人们拿小木棍在地上画画写写,渐渐地开始有了最早的统计表格。而如今随着我国科技的快速发展,金山软件公司免费推出了 WPS 办公软件。起初金山软件公司友好地将 WPS 与微软的 Office 共享,随后微软却将 Office 捆绑在 Windows 系统上,占领了 WPS 的市场份额。之后金山重写了 WPS 代码,使之与 Office 界面极其相似,让用户感觉不到是在用 WPS 还是 Office,用技术将用户吸引回来。就这样, WPS 重新获得了市场份额,2005 年 WPS 个人版率先宣布免费,继续与 Office 厮杀。如今 WPS 已经是国产软件中最璀璨的明星。

技能点二　表单标签及其属性

1. 表单

在编写网站的登录注册页面时,表单的应用非常重要,其主要用于收集用户的信息。例如,在购物网站上购物之前需要注册一个该网站的账号,用户需要输入自己的个人信息,包括姓名、性别、邮箱、地址等。HTML5 中使用 <form> 标签定义表单,语法格式如下所示。

```
<form attribute="value">   <!—attribute 表示属性,value 表示属性值 -->
  表单元素
</form>
```

<form> 标签属性如表 3-5 所示。

表 3-5　<form> 标签属性

属性	描述	值
accept-charset	设置服务器处理表单数据的字符集	UTF-8 - Unicode 字符编码 ISO-8859-1 - 拉丁字母表的字符编码 gb2312 - 简体中文字符集

续表

属性	描述	值
action	设置提交表单时数据发送的目标	URL 路径
autocomplete	规定是否启用表单的自动完成功能	on：默认为启用自动完成功能，即允许浏览器预测字段的输入。当用户开始输入时，浏览器基于之前输入的值，显示填写过的选项 off：禁用自动完成功能
enctype	规定在表单数据发送前如何对其进行编码	application/x-www-form-urlencoded：空格转换为“+”加号，特殊符号转换为 ASCII HEX 值（默认） multipart/form-data：不对字符编码。在使用包含文件上传控件的表单时，必须使用该值 text/plain：空格转换为“+”加号，但不对特殊字符编码
method	设置发送表单数据的 HTTP 方法	get 或 post
name	设置表单名称	text 类型
novalidate	表示提交表单时不进行验证	
rel	规定链接资源和当前文档之间的关系	external：规定引用的文档不是当前站点的一部分 help：链接到帮助文档 license：链接到文档的版权信息 next：集合中的下一个文档 noreferrer：规定如果用户点击该超链接，则浏览器不发送 HTTP 推荐表头 prev：集合中的上一个文档 search：链接到文档的搜索工具
target	规定在何处打开 action 属性中的 URL	_blank：在新窗口中打开 _self：在相同框架中打开（默认） _parent：在父框架中打开 _top：在整个窗口中打开

2. <input> 标签

<input> 标签具有多种类型，可根据不同的情况进行设置，并且提供丰富的属性，灵活性高，适用于多种场景。<input> 标签是一个单标签，<input> 标签常用属性如表 3-6 所示。

表 3-6 <input> 标签常用属性

属性	描述	值
id	唯一标识	text 类型
name	定义 input 元素的名称	text 类型
value	定义 input 元素的值	text 类型

续表

属性	描述	值
size	以字符数计算的 input 元素的可见宽度	number 类型
maxlength	指定 input 元素中允许输入的字符的最大长度	number 类型
max	设置 input 元素的最大值	number: 数字最大值 date: 日期最大值
min	设置 input 元素的最小值	number: 数字最小值 date: 日期最小值
accept	当 type 属性为 file 时指定文件上传类型	audio/* video/* image/MIME_type
alt	当 type 属性为 image 时指定图像输入的代替文本	text 类型
autocomplete	设置是否启动自动完成功能	on: 默认启动自动完成功能 off: 禁用自动完成功能
autofocus	页面加载时自动获得焦点	autofocus
checked	当 type 属性为 checkbox 或 raido 时，设置 input 元素在页面加载时被预先选中	checked
disabled	表示禁用 input 元素	disabled
form	设置当前 input 元素所属的一个或多个表单	form_id
pattern	设置用于验证 input 元素值的正则表达式	regexp
placeholder	设置输入提示信息	text 类型
readonly	设置元素为只读	readonly
required	设置元素在提交表单时必填	required
step	规定数字间隔（步长）	number 类型
type	设置 input 元素的类型	input 的类型

<input> 标签可通过 type 属性规定元素的类型，如文本输入控件、数值输入控件、日期时间控件、拾色器控件、复选框与单选框控件以及按钮控件等各类控件。

（1）文本输入控件

文本输入控件指用于接收用户从键盘输入的控件，如接收用户输入的用户名、密码、文本、URL 链接等，对应 <input> 标签的 type 属性值如表 3-7 所示。

表 3-7　<input> 标签的文本输入控件

类型	描述
text	默认。单行的文本字段（默认宽度为 20 个字符）
password	定义密码字段（字段中的字符会被遮蔽）
url	定义用于输入 URL 的字段
tel	定义用于输入电话号码的字段

文本输入控件使用效果如图 3-5 所示。

text控件：text控件
password控件：••••••••••
url控件：http://www.baidu.com
tel控件：17633333333

图 3-5　<input> 标签的文本输入控件使用效果

为了实现图 3-5 的效果，代码 CORE0304 如下所示。

代码 CORE0304: <input> 标签文本输入控件

```
<form action="aa.asp" method="post" id="user-form">
text 控件：<input type="text" name="text"><br>
password 控件：<input type="password" name="password"><br>
url 控件：<input type="url" name="url"><br>
tel 控件：<input type="tel" name="tel" maxlength="11"><br>
</form>
```

（2）数值输入控件

数值输入控件指用户可通过键盘输入或鼠标点击拖动的方式实现数值输入的控件，使用数值输入控件时，可通过 step 属性规定数字间隔（步长，默认为 1），对应 <input> 标签的 type 属性如表 3-8 所示。

表 3-8　<input> 标签的数值输入控件

类型	描述
number	在文本框内输入数字字段
range	在给定值的范围内指定一个数值。当精确数值不重要时，使用此控件

数值输入控件使用效果如图 3-6 所示。

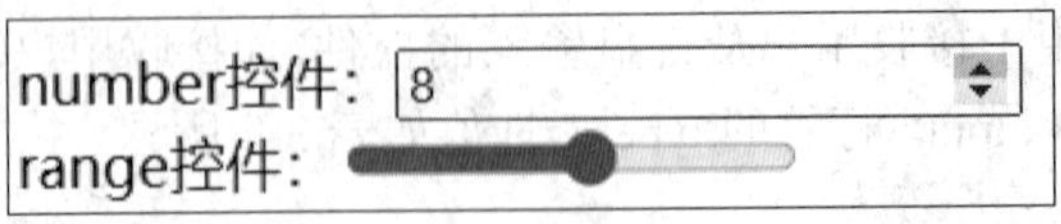

number控件：8
range控件：

图 3-6　<input> 标签的数值输入控件使用效果

为了实现图 3-6 的效果，代码如 CORE0305 所示。

代码 CORE0305: <input> 标签数值输入控件

```
<form action="aa.asp" method="post" id="user-form">
    number 控件：<input type="number" name="number" step="2"><br>
    range 控件：<input type="range" name="range" step="2"><br>
</form>
```

（3）日期时间控件

日期时间控件指用户可通过键盘输入或鼠标点击的方式选择一个日期或时间的控件，对应 <input> 标签的 type 属性如表 3-9 所示。

表 3-9　<input> 标签的日期时间控件

类型	描述
date	date 控件（年、月、日）
datetime-local	date 和 time 控件（年、月、日、时、分、秒、几分之一秒，不带时区）
month	month 和 year 控件（不带时区）
week	定义 week 和 year 控件（不带时区）

日期时间控件使用效果如图 3-7~ 图 3-10 所示。

图 3-7　<input> 标签的 date 控件使用效果

图 3-8　<input> 标签的 datetime-local 控件使用效果

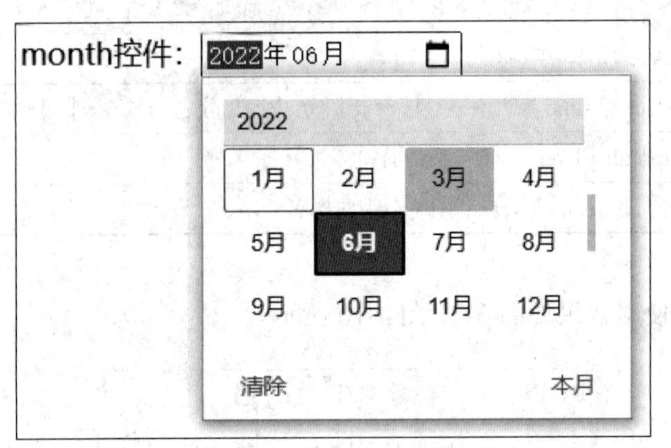

图 3-9　<input> 标签的 month 控件使用效果

图 3-10　<input> 标签的 week 控件使用效果

为了实现图 3-7~ 图 3-10 的效果，代码 CORE0306 如下所示。

代码 CORE0306: <input> 标签 date 控件

```
<form action="aa.asp" method="post" id="user-form">
    date 控件:<input type="date" name="date">
    datetime-local 控件:<input type="datetime-local" name="datetime-local">
    month 控件:<input type="month" name="month">
    week 控件:<input type="week" name="week">
</form>
```

（4）拾色器控件

拾色器控件指用户可通过该控件选择一种颜色再通过表单上传到服务器，选择颜色的方式有三种：一是通过拖动颜色滑块选择颜色，二是通过设置 RGB 设置颜色，三是通过颜色吸管选择页面中的任意颜色。对应 <input> 标签的 type 属性为“color”，拾色器控件使用效果如图 3-11 所示。

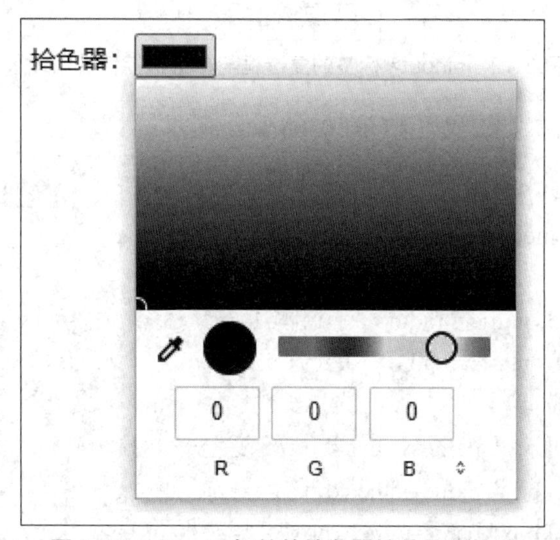

图 3-11　<input> 标签的拾色器控件使用效果

为了实现图 3-11 的效果，代码 CORE0307 如下所示。

代码 CORE0307: <input> 标签拾色器控件

```
<form action="aa.asp" method="post" id="user-form">
    拾色器:<input type="color" name="color"><br>
</form>
```

（5）复选框与单选框控件

复选框是指用户可在页面中通过点击选择框，选择给出的某些选项；单选框是指用户可在页面中选择多个选项中的某个选项，对应 <input> 标签的 type 属性如表 3-10 所示。

表 3-10 <input> 标签的复选框与单选框控件

类型	描述
checkbox	复选框
raido	单选框，单选框需要使用相同的 name 属性才能实现单选效果

单选框与复选框控件使用效果如图 3-12 所示。

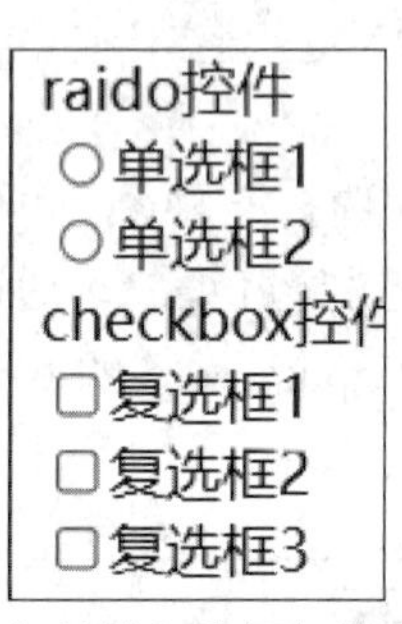

图 3-12 <input> 标签的复选框与单选框控件使用效果

为了实现图 3-12 的效果，代码 CORE0308 如下所示。

代码 CORE0308: <input> 标签单选框与复选框器控件

```
<form action="aa.asp" method="post" id="user-form">
    raido 控件 <br>
    <input type="radio" name="radio"> 单选框 1<br>
    <input type="radio" name="radio"> 单选框 2<br>
    checkbox 控件 <br>
    <input type="checkbox" name="checkbox"> 复选框 1<br>
    <input type="checkbox" name="checkbox"> 复选框 2<br>
    <input type="checkbox" name="checkbox"> 复选框 3<br>
</form>
```

（6）按钮控件

按钮控件用于在用户点击时触发相应的功能，如提交表单、退出程序等功能。<input> 标签有两个按钮类型，分别为提交按钮和普通按钮，对应 <input> 标签的 type 属性如表 3-11 所示。

表 3-11 <input> 标签的按钮控件

类型	描述
button	可点击的按钮（通常与 JavaScript 一起使用来启动脚本）
submit	提交按钮，点击后可将表单提交到服务器
reset	重置表单，将当前表单中的表单元素初始化为页面加载时的状态

按钮控件使用效果如图 3-13 所示。

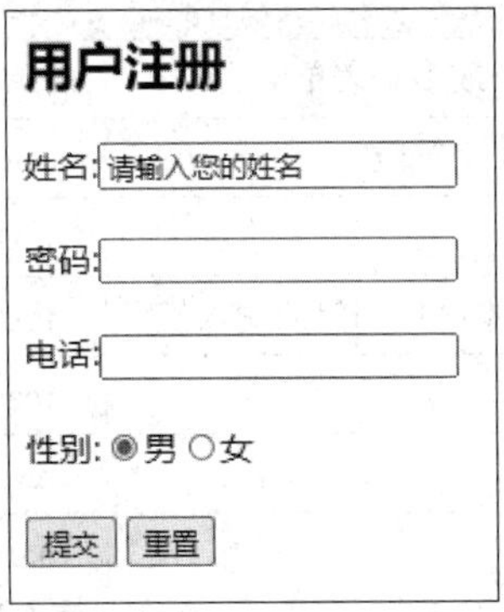

图 3-13　<input> 标签的按钮控件使用效果

为了实现图 3-13 的效果，代码 CORE0309 如下所示。

代码 CORE0309: <input> 标签按钮控件

```
<div class="form">
  <h2> 用户注册 </h2>
  <form action="aa.asp" method="post" id="user-form">
    姓名 :<input type="text" name="fname" size="20" maxleght="15" value=" 请输入您的
姓名 "><br><br>
    密码 :<input type="password" name="fpassword" size="20" maxlength="20"><br><br>
    电话 :<input type="text" name="ftelephone" size="20" maxlength="20"><br><br>
    性别 :<input type="radio" value="sex" name="sex" checked> 男 <input type="radio"
value="sex" name="sex" > 女 <br><br>
    <input type="submit" value=" 提交 ">
    <input type="reset" value=" 重置 ">
  </form>
</div>
```

3. 文本域标签

HTML5 中使用 <textarea> 标签定义文本域，文本域允许用户输入多行文本，一般用于接收用户对一件事的描述或自我简介等内容，<textarea> 标签常用属性如表 3-12 所示。

表 3-12　<textarea> 标签常用属性

类型	描述	值
autofocus	页面加载时自动获得焦点	autofocus
cols	设置文本区域内可见的宽度	number 类型
rows	设置文本区域内可见的高度	number 类型
disabled	禁用文本区域	disabled

续表

类型	描述	值
form	文本区域所属的一个或多个表单	所属表单 id
maxlength	文本区域允许的最大字符数	number 类型
name	本区域的名称	text 类型
placeholder	简短的提示，描述文本区域期望的输入值	text 类型
readonly	文本区域为只读	readonly
required	文本区域是必填的	required
wrap	当提交表单时，文本区域中的文本应该怎样换行	hard：在文本到达元素最大宽度时，自动插入换行符 (CR+LF)，使用 hard 时必须指定 cols 属性 soft：默认，文本到达元素最大宽度时换行显示，不插入换行符

<textarea> 标签使用效果如图 3-14 所示。

图 3-14 <textarea> 标签使用效果

为了实现图 3-14 的效果，代码 CORE0310 如下所示。

代码 CORE0310: <textarea> 标签使用效果

```
<div class="form">
    <h1> 调查问卷 </h1>
    <form action="aa.asp" method="post" id="user-form">
        姓名 :<input type="text" name="fname" size="20" maxleght="15" value=" 请输入
您的姓名 "><br>
        请输入你对本公司的了解 <br>
```

```
        <textarea name="textknow" cols="50" rows="15"></textarea><br>
        <input id="sub" type="submit" value=" 提交 " >
    </form>
</div>
```

4. 标记标签

HTML5 将 <lable> 标签作为标记标签，<lable> 标签自身并没有特殊的显示效果，但改进了鼠标的可用性，当鼠标点击 <lable> 标签所包含的任意内容时，均会触发 <lable> 标签对应的控件。<lable> 标签属性如表 3-13 所示。

表 3-13　<lable> 标签属性

属性	描述	值
for	设置 lable 与哪个表单元素绑定	element_id
form	设置 lable 字段所属的一个或多个表单	form_id

<lable> 标签使用效果如图 3-15 所示，当鼠标点击文本框前面的用户名时，也可触发文本框的选中效果。

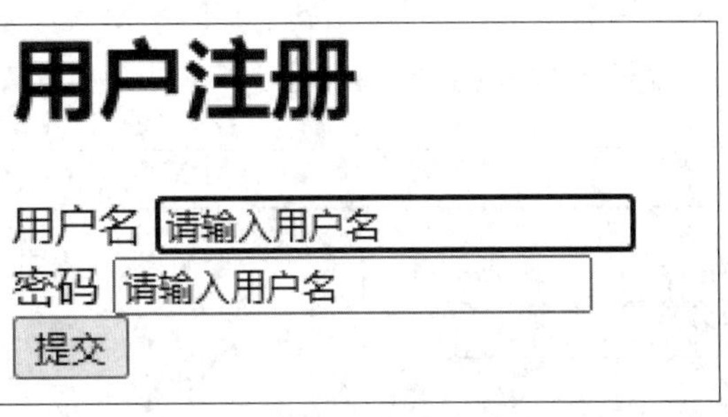

图 3-15　<lable> 标签使用效果

为了实现图 3-15 的效果，代码 CORE0311 如下所示。

代码 CORE0311: <lable> 标签使用效果

```
<div class="form">
    <h1> 用户注册 </h1>
    <form action="aa.asp" method="post" id="user-form">
        <label for="username"> 用户名 </label> <input id="username" type="text" name="username" size="20" maxleght="15" value=" 请输入用户名 "><br>
        <label for="pwd"> 密码 </label> <input id="pwd" type="text" name="pwd" size="20" maxleght="15" value=" 请输入用户名 "><br>
        <input id="sub" type="submit" value=" 提交 " >
    </form>
</div>
```

5. 表单元素组标签

表单元素组标签可以满足开发人员将表单中的元素按照业务进行分组的需求，并提供友好的交互页面，HTML5 中表单元素组标签如表 3-14 所示。

表 3-14　表单元素组标签

标签	描述
fieldset	将一组相关的表单元素使用边框包含起来
legend	定义元素组的标题

<fieldset> 标签属性如表 3-15 所示。

表 3-15　<fieldset> 标签属性

属性	描述	值
disabled	该组中的相关表单元素应该被禁用	disabled
form	fieldset 所属的一个或多个表单	form_id
name	fieldset 的名称	text

表单元素组标签使用效果如图 3-16 所示。

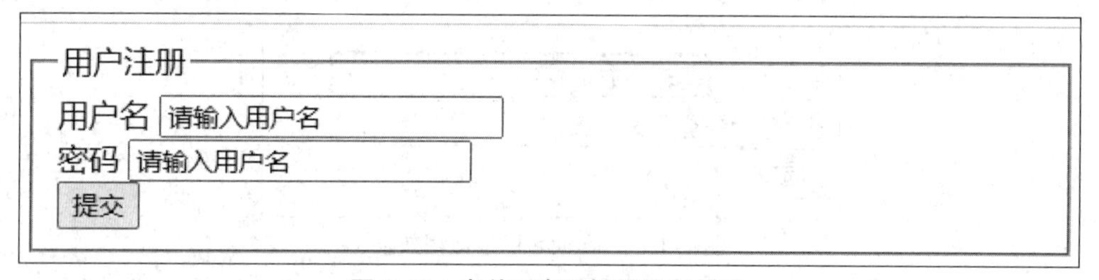

图 3-16　表单元素组标签使用效果

为了实现图 3-16 的效果，代码 CORE0312 如下所示。

代码 CORE0312: 表单元素组标签使用效果

```
<div class="form">
    <form action="aa.asp" method="post" id="user-form">
        <fieldset form="user-form">
            <legend> 用户注册 </legend>
            <label for="username"> 用户名 </label> <input id="username" type="text" name="username" size="20" maxleght="15" value=" 请输入用户名 "><br>
            <label for="pwd"> 密码 </label> <input id="pwd" type="text" name="pwd" size="20" maxleght="15" value=" 请输入用户名 "><br>
            <input id="sub" type="submit" value=" 提交 " >
```

```
        </fieldset>
    </form>
</div>
```

6. 下拉列表

HTML5 中使用 <select>（下拉列表框控件）和 <option>（列表选项控件）两个标签实现下拉选项框，下拉列表框和列表选项的常用属性及含义如表 3-16 和 3-17 所示。

表 3-16　下拉列表框控件属性

属性	描述	值
autofocus	页面加载时自动获得焦点	autofocus
disabled	当该属性值为 true 时，禁用下拉列表	disabled
form	定义所属的一个或多个表单	form_id
multiple	当该属性值为 true 时，可选择多个选项	multiple
name	定义下拉列表的名称	text
required	规定用户在提交表单前必须选择下拉列表中的一个选项	required
size	规定下拉列表中可见选项的数目	number

表 3-17　列表选项控件属性

属性	描述	值
disabled	首次加载时被禁用	disabled
label	当使用 <optgroup> 时所使用的标注	text
selected	当首次显示在列表中时表现为选中状态	selected
value	定义送往服务器的选项值	text

下拉列表使用效果如图 3-17 所示。

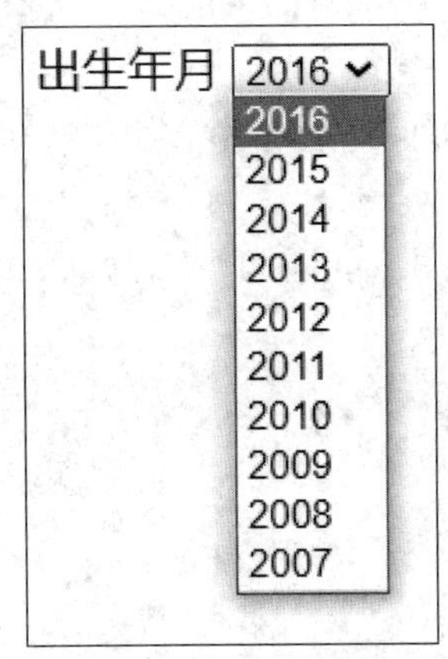

图 3-17　下拉列表使用效果

为了实现图 3-17 的效果，代码 CORE0313 如下所示。

代码 CORE0313: 下拉列表使用效果

```
<form action="aa.asp" method="post" id="user-form">
  <label> 出生年月 </label>
  <select name="select" >
    <option >2016</option>
    <option>2015</option>
    <option>2014</option>
    <option>2013</option>
    <option>2012</option>
    <option>2011</option>
    <option>2010</option>
    <option>2009</option>
    <option>2008</option>
    <option>2007</option>
  </select>
</form>
```

实际应用中我们可能需要指定默认选项，如图 3-18 的效果。

图 3-18 指定默认选项使用效果

为了实现图 3-18 的效果，代码 CORE03174 如下所示。

代码 CORE0314: 指定默认选项使用效果

```
<form action="aa.asp" method="post" id="user-form">
    <label> 出生年月 </label>
    <select name="select"   multiple="multiple" >
        <option >2016</option>
        <option selected="selected" value="1">2015</option>
        <option>2014</option>
        <option>2013</option>
        <option>2012</option>
        <option>2011</option>
        <option>2010</option>
        <option>2009</option>
```

```
        <option>2008</option>
        <option>2007</option>
    </select>
</form>
```

通过本项目的学习，掌握了 HTML5 中包含的表格标签以及表格的定义使用方式，了解了表单的相关概念，掌握了表单中包含的标签以及常用属性，为了巩固所学知识，通过以下几个步骤，使用 HTML 表单、表单标签及表格实现员工基础信息采集页面。

第一步：打开 WebStorm，创建名为“inforacquisition”的项目，将网页所需图片复制到该项目下，并新建名为“index.html”的文件，结果如图 3-19 所示。

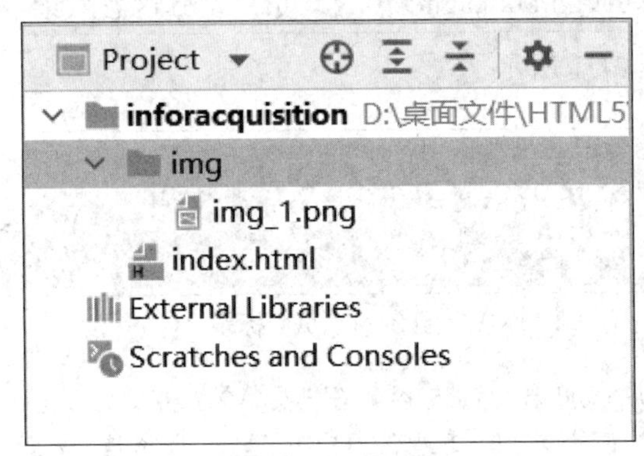

图 3-19　创建项目

第二步：创建页面基本结构。使用 <div> 标签构建页面基本结构，并使用简短的描述暂时填充代码，以方便后续逐步完善，代码 CORE0315 如下所示。

代码 CORE0315：创建页面基本结构

```
<div style="background-color: #F0F0F0;padding-bottom: 20px">
    <div style="background-color: cornflowerblue;line-height: 70px;">
        标题
    </div>
    <div style="background-color: white;width:90%;margin: 20px auto;border-radius:20px;
padding-top: 60px;padding-left: 50px">
        表单
    </div>
</div>
```

页面基本结构效果如图 3-20 所示。

图 3-20　页面基本结构

第三步：编写标题。在“标题”字样处使用 <h1> 标签进行编写，并设置字体颜色为白色，外边距为 0，高度为 70，代码 CORE0316 如下所示。

代码 CORE0316：页面标题

```
<h1 style="color: white;margin: 0;height: 70px"> 员工基础信息采集系统 </h1>
```

页面标题效果如图 3-21 所示。

员工基础信息采集系统

图 3-21　页面标题

第四步：创建表单并添加第一行内容。在“表单”字样处，创建一个表单，并将表格作为表单的容器，先编写第一行内容，包括姓名、身份证号以及照片，然后设置包含照片的列合并 5 行，代码 CORE0317 如下所示。

代码 CORE0317：创建表单

```
<form>
    <table>
        <thead></thead>
            <tr>
                <th width="10%"></th>
                <th width="23%"></th>
                <th width="10%"></th>
                <th width="23%"></th>
                <th width="10%"></th>
            </tr>
        </thead>
```

```
        <tr>
            <td style="width: 300px;text-align: right;padding-right: 20px">
                <label for="name"> 姓名 </label>
            </td>
            <td>
                <input type="text" id="name" style="width: 394px;height: 20px;line-height: 20px;background-color: #F0 F0 F0;border-radius:5px;border: #cccccc 1px solid">
            </td>
            <td style="padding-right: 20px;text-align: right">
                <label for="idCard"> 身份证号 </label>
            </td>
            <td style="width: 394px">
                <input type="text" id="idCard" style="width: 394px;height: 20px;line-height: 20px;background-color: #F0 F0 F0;border-radius:5px;border: #cccccc 1px solid">
            </td>
            <td rowspan="5" style="width: 200px">
                <div>
                    <img src="/img/img_1.png" style="width: 124px;height: 160px">
                </div>
            </td>
        </tr>
    </table>
</form>
```

创建表单效果如图 3-22 所示。

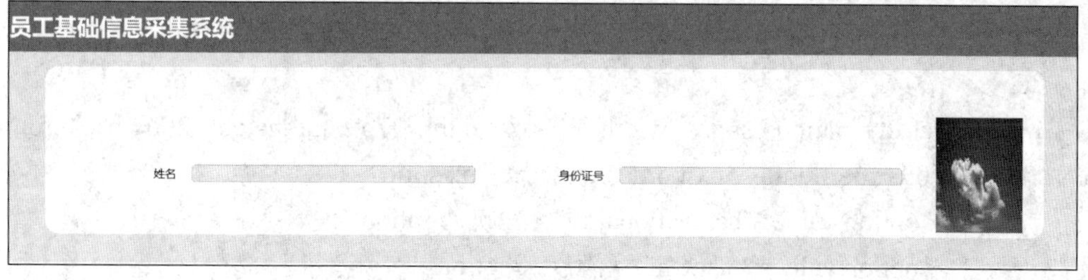

图 3-22　创建表单

第五步：表单创建完成后，按照此结构继续添加需要采集的信息，包括性别、出生日期、民族、手机号、政治面貌、部门、学历和毕业院校，代码 CORE0318 如下所示。

代码 CORE0318:完成表单

```
<tr>
    <td style="width: 174px;text-align: right;padding-right: 20px">
        <label for="Gender"> 性别 </label>
    </td>
    <td>
            <select id="Gender" style="width: 399px;height: 27px;line-height: 20px;background-color: #F0 F0 F0;border-radius:5px;border: #cccccc 1px solid">
                <option value="nan"> 男 </option>
                <option value="nv"> 女 </option>
            </select>
    </td>
    <td style="padding-right: 20px;text-align: right">
        <label for="birthday"> 出生日期 </label>
    </td>
    <td style="width: 394px">
        <div>
            <input type="date" id="birthday" style="width: 398px;height: 27px;line-height: 20px;background-color: #F0 F0 F0;border-radius:5px;border: #cccccc 1px solid">
        </div>
    </td>
</tr>
<tr>
    <td style="width: 174px;text-align: right;padding-right: 20px">
        <label for="nation"> 民族 </label>
    </td>
    <td>
        <select id="nation" style="width: 399px;height: 27px;line-height: 20px;background-color: #F0 F0 F0;border-radius:5px;border: #cccccc 1px solid">
            <option value="hanNationality"> 汉族 </option>
            <option value="manChu"> 满族 </option>
            <option value="huiNationality"> 满族 </option>
            <option value="other">...</option>
        </select>
    </td>
    <td style="padding-right: 20px;text-align: right">
        <label for="pnumber"> 手机号 </label>
    </td>
```

```
    <td style="width: 394px;">
            <input type="tel" maxlength="11" id="pnumber" style="width: 394px;height: 20px;line-height: 20px;background-color: #F0 F0 F0;border-radius:5px;border: #cccccc 1px solid">
    </td>
</tr>
<tr>
    <td style="width: 174px;text-align: right;padding-right: 20px">
        <label for="Poutlook"> 政治面貌 </label>
    </td>
    <td>
        <select id="Poutlook" style="width: 399px;height: 27px;line-height: 20px;background-color: #F0 F0 F0;border-radius:5px;border: #cccccc 1px solid">
            <option value="Masses"> 群众 </option>
            <option value="pmember"> 党员 </option>
        </select>
    </td>
    <td style="padding-right: 20px;text-align: right">
        <label for="department"> 部门 </label>
    </td>
    <td style="width: 394px">
            <input type="text" id="department" style="width: 394px;height: 20px;line-height: 20px;background-color: #F0 F0 F0;border-radius:5px;border: #cccccc 1px solid">
    </td>
</tr>
<tr>
    <td style="width: 174px;text-align: right;padding-right: 20px">
        <label for="education"> 学历 </label>
    </td>
    <td>
        <select id="education" style="width: 399px;height: 27px;line-height: 20px;background-color: #F0 F0 F0;border-radius:5px;border: #cccccc 1px solid">
            <option value="undergraduate"> 本科 </option>
            <option value="graduatestudent"> 研究生 </option>
        </select>
    </td>
    <td style="padding-right: 20px;text-align: right">
        <label for="graduatedfrom"> 毕业院校 </label>
```

```
    </td>
    <td style="width: 394px">
        <input type="text" id="graduatedfrom" style="width: 394px;height: 20px;line-height: 20px;background-color: #F0 F0 F0;border-radius:5px;border: #cccccc 1px solid">
    </td>
</tr>
```

完成表单效果如图 3-23 所示。

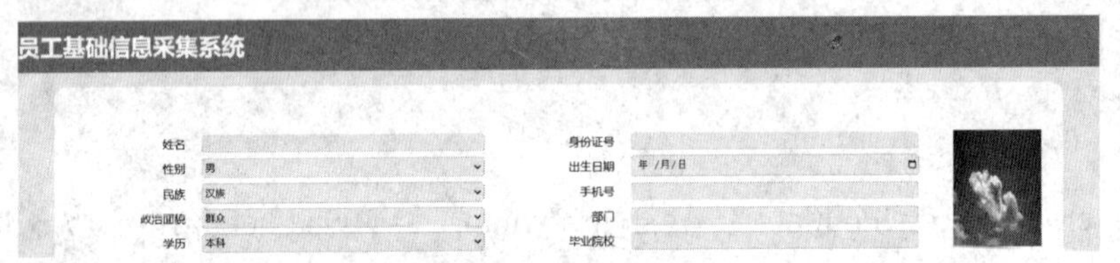

图 3-23 完成表单

第六步：业绩成果信息设置。业绩成果信息设置使用文本域标签实现，并设置包含文本与标签的表格合并 5 列，代码 CORE0319 如下所示。

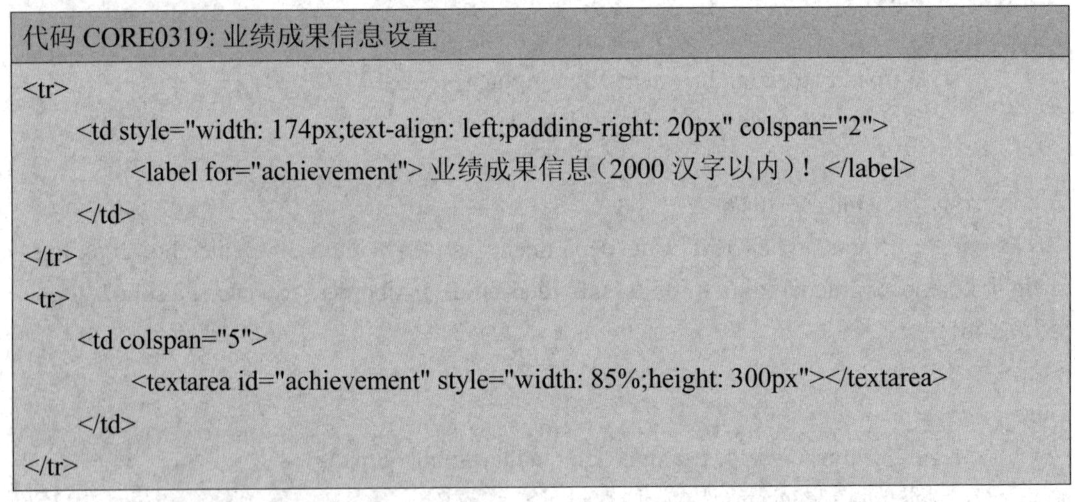

代码 CORE0319：业绩成果信息设置

```
<tr>
    <td style="width: 174px;text-align: left;padding-right: 20px" colspan="2">
        <label for="achievement"> 业绩成果信息（2000 汉字以内）！ </label>
    </td>
</tr>
<tr>
    <td colspan="5">
        <textarea id="achievement" style="width: 85%;height: 300px"></textarea>
    </td>
</tr>
```

业绩成果信息设置效果如图 3-24 所示。

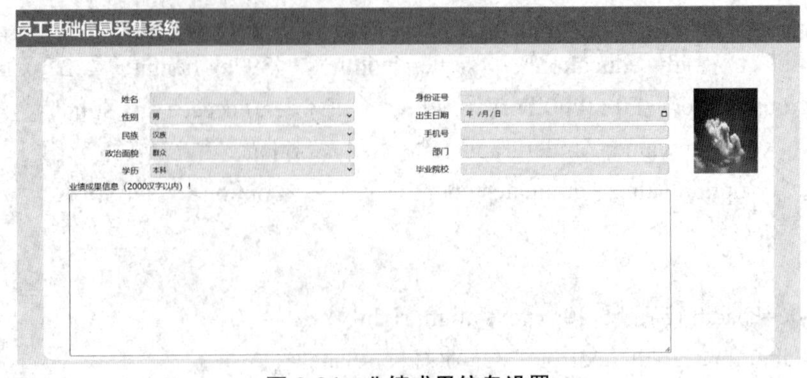

图 3-24 业绩成果信息设置

第七步：设置提交与重置按钮。在 <table> 标签后，创建提交和重置按钮，将两个按钮包含在一个 <div> 标签中，并设置 <div> 标签内容居中显示、宽度为 90%，设置按钮背景颜色为浅蓝色、字体为白色，边框为圆角，代码 CORE0320 如下所示。

代码 CORE0320: 设置提交与重置按钮

```
<div style="text-align: center;width:90%">
    <input type="submit" value=" 提 交 " style="background-color: #006dcc;border-radius:5px;font-size: 14px;color: white">
    <input type="reset" value=" 重 置 " style="background-color: #006dcc;border-radius:5px;font-size: 14px;color: white">
</div>
```

设置提交与重置按钮效果如图 3-25 所示。

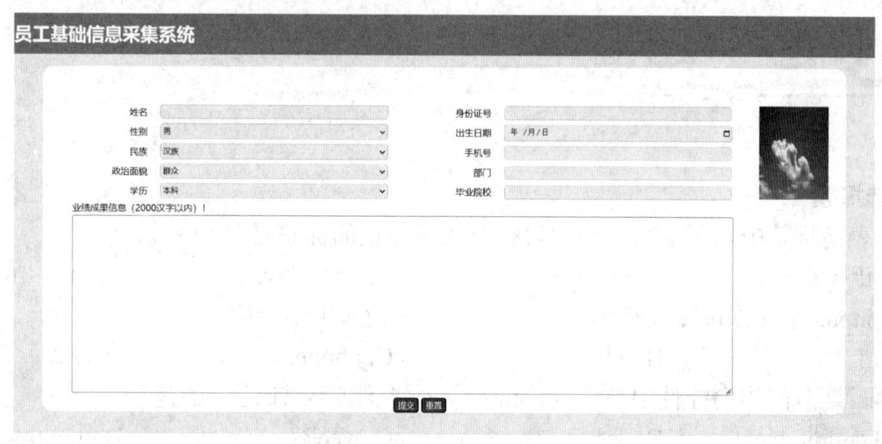

图 3-25　设置提交与重置按钮

课程思政：遵纪守法，诚实守信

在互联网时代，各大公司通过设计表单网页，借助后台就可以进行个人信息数据的搜集与处理。作为程序开发者，要以《中华人民共和国网络安全法》和《互联网信息服务管理办法》为依据，做到遵纪守法、诚实守信、爱岗敬业，打造安全稳定的网络环境，推动传播社会主义核心价值观。

本项目通过对员工基础信息采集页面的实现，对 HTML5 中常用的表格与表单标签，如基础表格标签、表格标题、<input> 标签、文本域标签、标记标签、下拉列表标签等有所了解，对表单的定义和布局有所了解和掌握，并通过所学的表格与表单的相关知识，实现静态页面的制作。

table	表	enctype	编码方式
border	边界	value	价值
align	排列	checked	选中的
caption	说明文字	type	类型
bottom	底部	password	密码

1. 选择题

（1）表格标签中用于定义表格中每行单元格数量的标签是（　　）。

A. <tl></tl>　　B. <td></td>　　C. <tr></tr>　　D. <th></th>

（2）input 标签的 type 属性值为（　　）时用于输入电话号码。

A. url　　B. tel　　C. phone　　D. text

（3）日期时间类型控件中包含 month 和 year 控件（不带时区）的是（　　）。

A. datetime-local　　B. date　　C. week　　D. month

（4）文本域标签使用（　　）属性设置音频是否循环播放。

A. required　　B. maxlength　　C. cols　　D. rows

（5）<select> 列表框控件使用（　　）属性定义图形的描述。

A. autofocus　　B. disabled　　C. multiple　　D. required

2. 简答题

（1）简述表格常用标签及其常用属性。

（2）简述 input 标签中 type 属性常用属性值及其作用。

3. 实操题

应用表格与表单知识，完成用户注册页面的制作。

如有账号，请登录

邮箱/手机号/QQ号

密码

验证码　9394　换一张

登录

项目四 CSS 基础

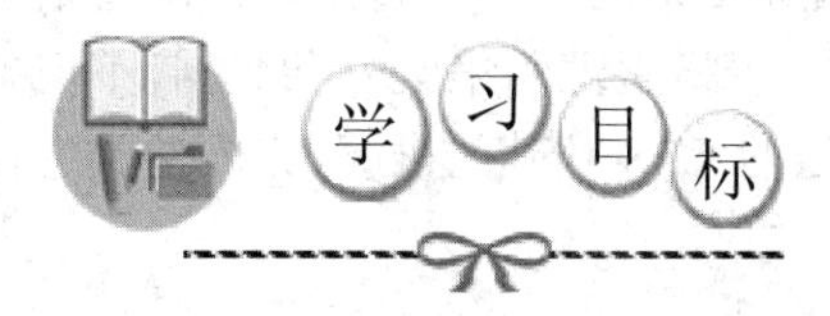

通过对 CSS 层叠样式表的学习，了解 CSS 的概念、CSS 样式表的引入与创建，熟悉 CSS 基本语法，掌握元素选择器、类选择器、ID 选择器、关系选择器与伪类选择器的使用方法，具有使用 CSS 基础知识制作伪类选择器表格的能力，在任务实施过程中：

- 了解 CSS 样式表；
- 熟悉 CSS 样式表的定义方式；
- 掌握 CSS 选择器的使用方法；
- 具有实现伪类选择器表格的能力。

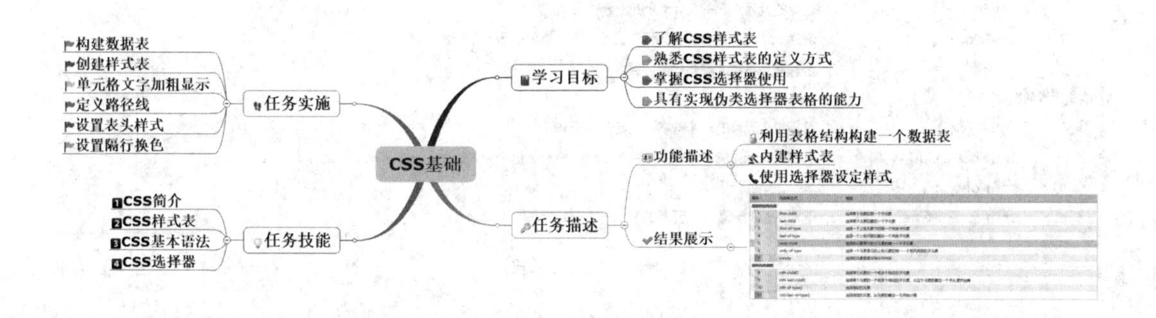

【情景导入】

表格在日常生活和工作中的应用十分广泛，它能够让复杂的数据一目了然。随着信息技术的高速发展，电子表格开始崭露头角，通过使用电子表格整理和采集复杂数据，不但省时省力，而且低碳环保，能够有效减少浪费。本任务通过对 CSS 基础的讲解，完成伪类选择器表格的制作。

【任务描述】

- 利用表格结构构建一个数据表。
- 内建样式表。
- 使用选择器设定样式。

【效果展示】

通过对本项目的学习，能够使用 CSS 选择器完成对 CSS 伪类选择器表格页面的美化任务，效果如图 4-1 所示。

编号	伪类表达式	说明
简单的结构伪类		
1	:first-child	选择某个元素的第一个子元素
2	:last-child	选择某个元素的最后一个子元素
3	:first-of-type	选择一个上级元素下的第一个同类子元素
4	:last-of-type	选择一个上级元素的最后一个同类子元素
5	:only-child	选择的元素是它的父元素的唯一一个子元素
6	:only-of-type	选择一个元素是它的上级元素的唯一一个相同类型的子元素
7	:empty	选择的元素里面没有任何内容
结构伪类函数		
8	:nth-child()	选择某个元素的一个或多个特定的子元素
9	:nth-last-child()	选择某个元素的一个或多个特定的子元素，从这个元素的最后一个子元素开始算
10	:nth-of-type()	选择指定的元素
11	:nth-last-of-type()	选择指定的元素，从元素的最后一个开始计算

图 4-1　效果图

技能点一 CSS 简介

CSS 全称是“Cascading Style Sheets”，中文译为“层叠样式表”，不过一般只将其简称为“CSS”或“样式表”。HTML 代码和 CSS 代码一起配合使用，能够构建出网页的外观。HTML 就像人的骨骼，而 CSS 则像人的皮肤和肌肉，骨骼确定了身体的结构，而皮肤和肌肉塑造了人的外貌，当网页的结构确定下来之后，就可以通过编写 CSS 代码来灵活地配置网页的外观了。

1. CSS 历史

早期的 HTML 的结构和样式是混在一起的，通过 HTML 标签组织内容，通过标签属性设置显示效果，这就造成了网页代码混乱且维护困难。CSS 自提出以来经历了数十年的更新迭代，CSS 的发展历程如表 4-1 所示。

表 4-1 CSS 的发展历程

时间点	事件
1994 年年初	哈坤·利先提出了 CSS 的想法，并联合正在设计 Argo 浏览器的伯特·波斯（Bert Bos），他们一拍即合，决定共同开发 CSS
1994 年年底	哈坤在芝加哥的一次会议上第一次提出了 CSS 的建议，1995 年他与波斯一起再次提出示这个建议。当时 W3C 组织刚刚成立，W3C 对 CSS 很感兴趣，为此组织了一次讨论会，哈坤和波斯作为这个项目的主要技术负责人
1996 年年底	CSS 语言正式设计完成，同年 12 月，W3C 发布了 CSS 的第一个版本
1997 年年初	W3C 组织专门负责 CSS 工作组，负责人是克里斯·里雷。自此该工作组开始研究第一个版本中没有涉及的问题
1998 年 5 月	W3C 发布了 CSS 的第二个版本（CSS2）
2002 年	W3C 的 CSS 工作组启动了 CSS2.1 的开发工作。CSS2.1 是 CSS2 的修订版，它纠正了 CSS 2.0 版本中的一些错误，并且更精确地描述 CSS 的浏览器实现
2004 年	CSS2.1 正式发布
2006 年年底	CSS2.1 得到进一步完善，也成为当时最流行、获得浏览器支持最完整的 CSS 版本，它更准确地反映了 CSS 当前的状态

CSS3 的开发工作在 2000 年之前就开始了，但是距离正式版的发布还有相当长的路要

走，为了提高开发速度，也为了方便各主流浏览器根据需要进行渐进式支持，CSS3 按模块化进行全新设计。这些模块可以独立发布和实现，这为日后 CSS 的扩展奠定了基础。

目前，CSS3 仍没有推出正式版，但是已经陆续推出了不同的模块，这些模块已经被大部分浏览器支持或部分实现。

2. CSS3 模块化开发

CSS1 和 CSS2.1 都是单一的规范，其中 CSS1 主要定义了网页对象的基本样式，如字体、颜色、背景、边框等。CSS2 增加了一些高级设置，如浮动、定位，以及高级选择器等。高级选择器包括选择器、相邻选择器和通用选择器等。

CSS3 被划分成多个模块组，每个模块组都有自己的规范。这样设计的好处是 CSS3 规范的发布不会因为存在争论的部分而影响其他模块推进。对于浏览器来说，可以根据需要决定哪些 CSS 功能被支持。对于 W3C 制定者来说，可以根据需要有针对性地进行更新，从而更加灵活和及时地修订整体规范，这样更容易扩展新的技术特性。

2001 年 5 月 23 日，W3C 完成 CSS3 的工作草案，该草案制订了 CSS3 发展路线图，路线图详细列出了所有模块，并计划在未来逐步进行规范。CSS3 的模块开发顺序及作用如表 4-2 所示。

表 4-2　CSS3 的模块开发顺序及作用

时间	模块名	作用
2002 年 5 月 15 日	CSS3 line	规范文本行模型
2002 年 11 月 7 日	CSS3 Lists	规范列表样式
2002 年 11 月 7 日	CSS3 Border	新添加了背景边框功能
2003 年 5 月 14 日	CSS3 Generated and Replaced Content	定义 CSS3 的生成及更换内容功能
2003 年 8 月 13 日	CSS3 Presentation Levels	定义演示效果功能
2003 年 8 月 13 日	CSS3 Syntax	重新定义 CSS 语法规则
2004 年 2 月 24 日	CSS3 Hyperlink Presentation	重新定义超链接表示规则
2004 年 12 月 16 日	CSS3 S peech	重新定义语音“样式”规则
2005 年 12 月 15 日	CSS3 Cascading and inheritance	重新定义 CSS 层叠和继承规则
2007 年 8 月 9 日	CSS3 Basic Box	重新定义 CSS 基本盒模型规则
2007 年 9 月 5 日	CSS3 Grid Positioning	定义 CSS 网格定位规则
2009 年 3 月 20 日	CSS3 Animations	定义 CSS 动画模型
2009 年 3 月 20 日	CSS3 3D Transforms	定义 CSS 3D 转换模型
2009 年 6 月 18 日	CSS3 Fonts	定义 CSS 字体模型
2009 年 7 月 23 日	CSS3 Image Values	定义图像内容显示模型
2009 年 7 月 23 日	CSS3 Flexible Box Layout	定义灵活的框布局模块
2009 年 8 月 4 日	Lssom View uodule	定义 CSS 视图模块
2009 年 12 月 1 日	CSS3 Transitions	定义动画过渡效果模型

续表

时间	模块名	作用
2009 年 12 月 1 日	CSS3 2D Transforms	定义 2D 转换模型
2010 年 4 月 29 日	CSS3 Template Layout	定义模板布局模型
2010 年 10 月 5 日	CSS3 Backgrounds and Borders	更新了边框和背景模型

课程思政:坚持信念,实现价值

每一项技术的发展,背后都需要很多人的付出、努力与坚持。华为作为全球领先的 ICT（信息与通信）基础设施和智能终端提供商,在遭到了美国制裁后,一直坚信自己的理念,坚持创新刻苦钻研。现如今华为成功度过了艰难的时期,得到了世界各国的赞赏,实现了自己的价值。我们在学习课程的过程中,也要不畏艰难险阻,坚持学习下去,坚定自己的信念,实现自己的价值。

3. CSS 格式

CSS 的语法单元是样式,每个样式包含两部分内容:选择器和声明（或称为规则）,如图 4-2 所示。

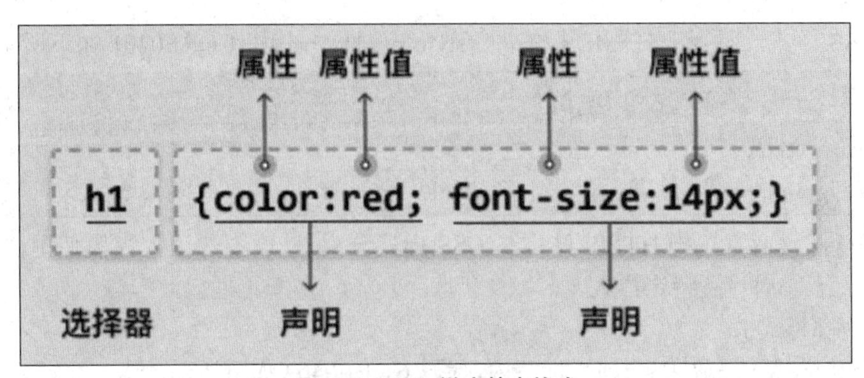

图 4-2 CSS 样式基本格式

● 选择器（selector）:指定样式作用于哪些对象,对象可以是某个标签、指定 Class 或 ID 值的元素等。浏览器在解析样式时,根据选择器来渲染对象的显示效果。

● 声明（declaration）:指定浏览器如何渲染选择器匹配的对象。声明包括属性和属性值两部分,用分号来标识一个声明的结束。在一个样式中最后一个声明可以省略分号。所有声明被放置在一对大括号内,位于选择器的后面。

● 属性（property）:CSS 预设的样式选项。属性名由一个或多个单词组成,多个单词之间通过连字符相连,这样能够很直观地了解属性所要设置样式的类型。

● 属性值（value）:定义显示效果的值,包括值和单位;也可以仅定义一个关键字。

技能点二 CSS 样式表

样式表是由一个或多个 CSS 样式组成的样式代码段，分为内部样式表和外部样式表，这两者并没有本质区别，只是存放位置不同。

内部样式表包含在 <style> 标签内，一个 <style> 标签表示一个内部样式表。通过标签的 style 属性定义的样式属性则不是样式表。如果一个网页文档中包含多个 <style> 标签，就表示该文档包含多个内部样式表。

如果 CSS 样式被放置在网页文档外部的文件中，则称为外部样式表，一个 CSS 样式表文档就表示一个外部样式表。实际上，外部样式表是一个用于存储样式代码段的单独的文件，其扩展名为 .css。

在 CSS 中，可以通过三种方法创建样式表并将样式表的功能加到网页里，分别是内联样式、内部样式和外部样式。

1. 创建样式表

在网页中，通过以下三种方法可以正确创建 CSS 样式，并让浏览器识别和解析。

（1）内联样式

将 CSS 样式代码置于 HTML 标签的 <style> 属性中，代码 CORE0401 如下所示。

代码 CORE0401: 内联样式

```
<span style="color: red"> 测试颜色 红色 </span>
<h1 style="color: blue"> 测试颜色 蓝色 </span>
```

内联样式没有真正把 HTML 结构与 CSS 样式分离，一般不建议大规模使用，除非为页面中某个元素临时设置特定样式。

（2）内部样式

把 CSS 样式代码放在 <style> 标签内，代码 CORE0402 如下所示。

代码 CORE0402: 内部样式

```
<style type="text/css">
    body{
        /* 页面基本属性 */
        font-size: 12px;
        color: #ccc;
    }
    p{
      /* 页面中所有 p 标签应用的样式 */
      background-color: #f0f;
    }
</style>
```

内部样式也称为网页内部样式，适合为单页面定义 CSS 样式，不适合为一个网站或多个页面定义样式。

内部样式一般位于网页的头部区域，目的是让 CSS 源代码早于页面源代码被下载和解析，避免网页下载之后还无法正常显示。

（3）外部样式

将样式放在独立的文件中，然后使用 <link> 标签或者 @import 关键字导入。网站一般都采用这种方法来设计样式，真正实现 HTML 结构和 CSS 样式的分离，以便统筹规划、设计、编辑和管理 CSS 样式。

在外部样式表文件顶部可以定义 CSS 源代码的字符编码。例如，下面代码定义样式表文件的字符编码为中文简体。

```
@charset "gb2312";
```

如果不设置 CSS 文件的字符编码，可以保留默认设置，则浏览器会根据 HTML 文件的字符编码来解析 CSS 代码。

2. 导入样式表

外部样式表文件可以通过以下两种方法导入 HTML 文档中。

（1）使用 <link> 标签

使用 <link> 标签导入外部样式表文件的代码如下所示。

```
<link href="demo.css" rel="stylesheet" type="text/css" />
```

该标签必须设置的属性说明如下。

- href：定义样式表文件的地址。
- type：定义导入文件类型，同 style 元素一样。
- rel：定义文档关联，这里表示关联样式表。

（2）使用 @import 命令

在 <style> 标签内使用 @import 关键字导入外部样式表文件的方法如下。

```
<style type="text/css">
    @import url("demo.css");
</style>
```

在 @import 关键字后面，利用 url() 函数包含具体的外部样式表文件的地址。在使用 @import 命令引入样式表时，会在整个页面加载完成后再加载样式表，所以大部分情况不推荐使用 @import 命令引入样式表。

技能点三　CSS 基本语法

CSS 是一种标识语言，可以在任何文本编辑器中编辑。CSS 的基本用法如下。

1. CSS 属性值

CSS 属性较多，在 W3C 的 CSS 2.0 版本中共有 122 个标准属性。在 W3C 的 CSS 2.1 版本中共有 115 个标准属性，其中删除了 CSS 2.0 版本中的 font-size-adjust、font-stretch、marker-offset、marks、page、size 和 text-shadow 7 个属性。在 W3C 的 CSS 3.0 版本中又新增加了 20 多个属性。

CSS 属性的取值比较多，具体类型包括长度、角度、时间、频率、布局、分辨率、颜色、文本、函数、生成内容、图像和数字。单位值包括绝对值和相对值两类，常用绝对值单位如表 4-3 所示。

表 4-3　常用绝对值单位

单位名称	作用
英寸（in）	使用最广泛的长度单位
厘米（cm）	最常用的长度单位
毫米（mm）	在研究领域使用广泛
磅（pt）	也称点，在印刷领域使用广泛
pica（pc）	在印刷领域使用

相对值是根据屏幕分辨率、可视区域、浏览器设置，以及相关元素的大小等因素确定的。常见相对值单位如表 4-4 所示。

表 4-4　常见相对值单位

单位名称	作用
em	表示字体高度，它能够根据字体的 font-size 值来确定大小
ex	表示字母的高度
px	px 单位是根据屏幕像素点来确定的。这样不同的显示分辨率就会使相同取值的 px 单位所显示出来的效果截然不同
%	百分比值总是通过另一个值来确定当前值，一般参考父对象中相同属性的值，例如父元素宽度为 500 px，子元素的宽度为 50%，则子元素的实际宽度为 250 px

2. CSS 特性

CSS 样式具有两个特性：继承性和层叠性。CSS 的有些属性是可以继承的，如果当前标签没有样式，则会继承其父标签的样式。同时 CSS 允许多个相同名字的 CSS 属性层叠在同一个元素上，哪个 CSS 属性会生效取决于其所处的优先级的高低。

（1）CSS 继承性

CSS 继承性是指后代元素可以继承祖先元素的样式。可继承样式主要包括字体、字号、颜色、行距等基本属性。边框、边界、补白、背景、定位、布局、尺寸等属性是不允许继承的。

例如，在 body 元素中定义整个页面的字体大小、字体颜色等基本页面属性，这样包含在

body 元素内的其他元素都将继承该基本属性，以实现页面显示效果的统一。在浏览器中预览，显示效果如图 4-3 所示。

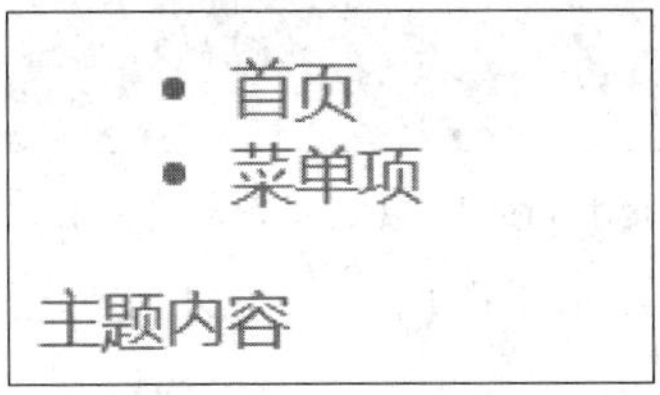

- 首页
- 菜单项

主题内容

图 4-3　CSS 属性继承性

为了实现图 4-3 的效果，代码 CORE0403 如下所示。

代码 CORE0403：CSS 属性继承性

```
<head>
    <style type="text/css">
        body{
            font-size: 12px;
            color: red;
        }
    </style>
</head>
<body>
    <div id="wrap">
        <div id="header">
            <div id="menu">
                <ul>
                    <li>
                        <span>
                            首页
                        </span>
                    </li>
                    <li>
                        菜单项
                    </li>
                </ul>
            </div>
        </div>
        <div id="main">
            <p>
                主题内容
```

```
            </p>
        </div>
    </div>
</body>
```

在 <head> 标签内添加 <style type="text/css"> 标签，定义内部样式表，并为 body 定义字体大小为 12 px，则包含在 body 元素中的所有其他元素都将继承该属性，即显示的字体大小均为 12 px。

课程思政：继承与发扬

历史是最好的教科书。作为中华儿女，我们要继承与发扬先人的优良传统，要承担历史使命，把党和国家确定的奋斗目标作为自己的人生目标，以民族复兴为己任，自觉把人生理想、家庭幸福融入国家富强、民族复兴的伟业之中，做新时代的追梦人。

（2）CSS 层叠性

CSS 层叠性是指有多个或一个选择器对某个或某几个标签中的多条样式进行选择，如果多个选择器都赋给某个或某几个标签相同的属性，样式的作用范围就发生了重叠。

例如，首先新建一个网页，并将其保存为 test.html 格式；其次定义一个内部样式表，分别添加两个样式，两个样式中都声明相同的属性，并应用于同一个元素上。在浏览器中测试，会发现最终字体显示为 14 px，也就是说 14 px 的字体覆盖了 12 px 的字体，这就是样式层叠的覆盖。

在浏览器中显示的效果如图 4-4 所示。

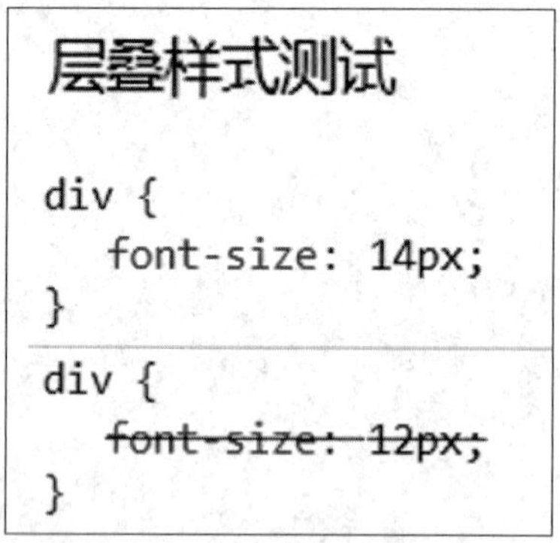

层叠样式测试

```
div {
   font-size: 14px;
}
div {
   font-size: 12px;
}
```

图 4-4　样式层叠的覆盖

为实现图 4-4 所示的效果，代码 CORE0404 如下所示。

代码 CORE0404: 样式层叠的覆盖

```
<head>
    <style type="text/css">
        div{
            font-size: 12px;
        }
```

```
            div{
                font-size: 14px;
            }
        </style>
</head>
<body>
    <div id="wrap">
        层叠样式测试
    </div>
</body>
```

当多个样式作用于同一个对象上时，根据选择器的优先级高低，确定对象最终应用的样式，各选择器权重值如下所示。

- 元素选择器：权重值为 1。
- 伪类选择器：权重值为 1。
- 类选择器：权重值为 10。
- ID 选择器：权重值为 100。

以上面权值数为起点计算每个样式中选择器的总权值数。计算规则如下。

- 统计选择器中 ID 选择器的个数，然后乘以 100。
- 统计选择器中类选择器的个数，然后乘以 10。
- 统计选择器中标签选择器的个数，然后乘以 1。

使用此计算方法，将所有权重值数相加，即可得到当前选择器的总权重值，最后根据权重值决定样式的优先级。

例如，在 <body> 标签内输入用于测试的文字，并在 <head> 标签中添加多种样式，在浏览器中预览，显示效果如图 4-5 所示。

```
body div#box {
    border: ▸ solid 2px ■red;
}
#box {
    border: ▸ dashed 2px ■ blue;
}
div.red {
    border: ▸ double 3px ■ red;
}
```

图 4-5　CSS 选择器优先级示例

为实现图 4-5 所示的效果，代码 CORE0405 如下所示。

代码 CORE0405: CSS 选择器优先级示例

```
<head>
    <style type="text/css">
        body div#box{
            border: solid 2px red;
        }
        #box{
            border: dashed 2px blue;
        }
        div.red{
            border: double 3px red;
        }
    </style>
</head>
<body>
    <div id="box" class="red">
        CSS 选择器优先级
    </div>
</body>
```

对于上面的样式表，可以按以下方法计算它们的权重值：

- body div#box = 1 + 1 + 100 = 102；
- #box = 100；
- di.red = 1 + 10 = 11。

因此，body div#box 的优先级高于 #box，#box 的优先级高于 di.red。所以最终的显示效果为 2 px 的红色实线。

与样式表中样式相比，行内样式优先级最高；权重值相同时，靠近元素的样式具有最高优先级；使用 !important 命令定义的样式优先级绝对高；!important 命令必须位于属性值和分号之间，如 #header{color:Red!important;}，否则无效。

技能点四　CSS 选择器

CSS3 选择器在 CSS2.1 选择器的基础上新增了部分属性选择器和伪类选择器，减少对 HTML 类和 ID 的依赖，使编写网页代码更加简单轻松。

1. 元素选择器

元素选择器也称为类型选择器，它直接引用 HTML 标签名称，用来匹配同名的所有标签。

● 优点：使用简单，直接引用，不需要为标签添加属性。

● 缺点：匹配的范围过大，精度不够。

因此，一般常用元素选择器重置各个标签的默认样式。例如，统一定义网页中段落文本的样式为：段落内文本字体大小为 12 px，字体颜色为红色。在浏览器中预览的效果如图 4-6 所示。

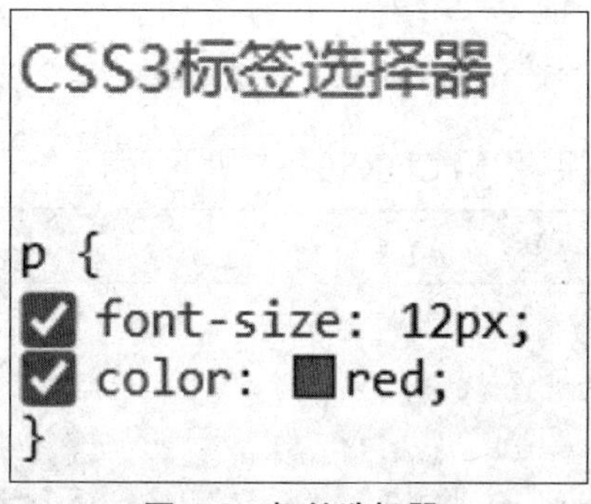

图 4-6　标签选择器

为了实现图 4-6 的效果，代码 CORE0406 如下所示。

代码 CORE0406: 标签选择器

```
<style type="text/css">
    p{
        font-size: 12px;
        /* 字体大小为 12px */
        color: red;
        /* 字体颜色为红色 */
    }
</style>
```

2. 类选择器

类选择器以点号“.”为前缀，后面是一个类名。应用方法：在标签中定义 class 属性，然后设置属性值为类选择器的名称。语法格式如下所示。

```
. 类名 { 属性 : 属性值 ;}
```

● 优点：能够为不同标签定义相同样式；使用灵活，可以为同一个标签定义多个类样式。

● 缺点：需要为标签定义 class 属性，影响文档结构，操作相对麻烦。

例如，在 <body> 标签中定义三个 <p> 段落，并分别为其定义类名“underline”“red italic underline”和“italic”；然后定义内部样式表，并为它们各自分配样式，在浏览器中预览的效果如图 4-7 所示。

国家层面：富强、民主、文明、和谐；

社会层面：自由、平等、公正、法制；

公民层面：爱国、敬业、诚信、友善。

图 4-7 类选择器

为实现图 4-7 所示的效果，代码 CORE0407 如下所示。

代码 CORE0407: 类选择器

```
</head>
    <style type="text/css">
        .underline{
            /* 下画线 underline 类 */
            text-decoration: underline;
        }
        .red{
            /* 颜色 red 类 */
            color: red;
        }
        .italic{
            /* 斜体 italic 类 */
            font-style: italic;
        }
    </style>
</head>
<body>
    <div>
        <p class="underline"> 国家层面 : 富强、民主、文明、和谐 ;</p>
        <p class="red italic underline"> 社会层面 : 自由、平等、公正、法治 ;</p>
        <p class="italic"> 公民层面 : 爱国、敬业、诚信、友善 .</p>
    </div>
</body>
```

课程思政：社会主义核心价值观

党的十八大提出，倡导富强、民主、文明、和谐，倡导自由、平等、公正、法治，倡导爱国、敬业、诚信、友善，积极培育和践行社会主义核心价值观。富强、民主、文明、和谐是国家层面的价值目标，自由、平等、公正、法治是社会层面的价值取向，爱国、敬业、诚信、友善是公民个人层面的价值准则，这 24 个字是社会主义核心价值观的基本内容。

3. ID 选择器

ID 选择器以井号“#”为前缀，后面是一个 ID 名。应用方法：在标签中定义 id 属性，然后设置属性值为 ID 选择器的名称。语法格式如下所示。

```
#ID 名 { 属性 : 属性值 ;}
```

- 优点：精准匹配。
- 缺点：需要为标签定义 id 属性，影响文档结构，相对于类选择器，缺乏灵活性。

使用 ID 选择器对 <div> 标签的宽度、高度、边框以及背景颜色进行设置，在浏览器中预览的效果如图 4-8 所示。

图 4-8　ID 选择器

为实现图 4-8 所示的效果，代码 CORE0408 如下所示。

代码 CORE0408: ID 选择器

```
</head>
    <style type="text/css">
        #box{
            background-color: gray;
            /* 定义背景颜色 */
            height: 200px;
            /* 固定 box 的高度 */
            width: 400px;
            /* 固定 box 的宽度 */
            border: solid 2px blue;
            /* 边框样式 */
            padding: 100px;
            /* 增加内边距 */
        }
```

```
    </style>
</head>
<body>
    <div id="box">
        社会主义核心价值观
    </div>
</body>
```

4. 关系选择器

(1)包含选择器

包含选择器通过空格连接两个简单的选择器,前面的选择器表示包含的对象,后面的选择器表示被包含的对象,语法格式如下所示。

```
选择符 1 选择符 2 选择符 3{ 属性 : 属性值 ; 属性 : 属性值 ;}
```

- 优点:可以缩小匹配范围。
- 缺点:匹配范围相对较大,影响的层级不受限制。

使用包含选择器对 <div> 标签下的 <p> 标签中文字的大小、颜色进行设置,在浏览器中预览的效果如图 4-9 所示,可以看到只有包含在 <div> 标签中的 <p> 标签会被样式影响。

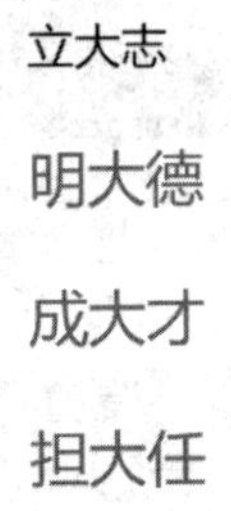

立大志

明大德

成大才

担大任

图 4-9　包含选择器

为实现图 4-9 所示的效果,代码 CORE0409 如下所示。

代码 CORE0409: 包含选择器

```
<head>
    <style>
        div p {
            font-size: 20px;
            color:red;
        }
    </style>
</head>
```

```
<body>
    <p>
        立大志
    </p>
    <div>
        <p> 明大德 </p>
    </div>
    <div>
        <p> 成大才 </p>
    </div>
    <div>
        <p> 担大任 <p>
      </div>
    <div>
</body>
```

（2）子选择器

子选择器使用尖角号“>”连接两个简单的选择器，前面的选择器表示包含的父对象，后面的选择器表示被包含的子对象。语法格式如下所示。

```
选择符 1> 选择符 2{ 属性 : 属性值 ; 属性 : 属性值 ;}
```

● 优点：相对于包含选择器，匹配的范围更小，从层级结构上看，匹配目标更明确。

● 缺点：相对于包含选择器，匹配范围有限，需要熟悉文档结构。

使用子选择器对 <div> 标签下 <p> 标签中文字的大小、颜色进行设置，在浏览器中预览的效果如图 4-10 所示，可以看到 <div> 标签下的 <span> 标签中包含的 <p> 标签同样被包含选择器影响而不会被子选择器影响。

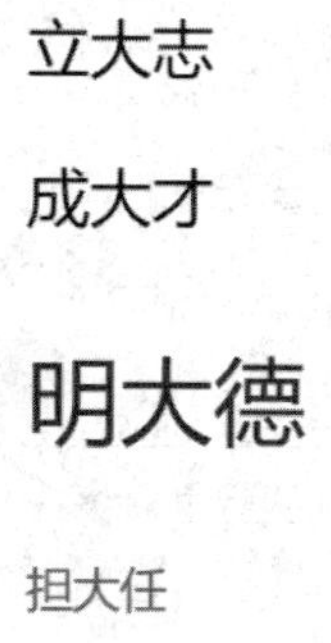

立大志

成大才

明大德

担大任

图 4-10　子选择器

为实现图 4-10 所示的效果，代码 CORE0410 如下所示。

代码 CORE0410: 子选择器

```
<head>
    <style>
    div p {
            font-size: 12px;
            color: red;
    }

    div>p {
            font-size: 24px;
            color: blue;
    }
    </style>
</head>

<body>
    <p>
            立大志
    </p>
    <p>
            成大才
    </p>
    <div>
            <p> 明大德 </p>
    </div>
    <div>
            <span>
                <p> 担大任 </p>
            </span>
    </div>
</body>
```

课程思政:立志成才,勇担大任

2021 年 4 月 19 日,习近平总书记来到清华大学考察,他指出,“当代中国青年是与新时代同向同行、共同前进的一代,生逢盛世,肩负重任”“广大青年要肩负历史使命,坚定前进信心,立大志、明大德、成大才、担大任,努力成为堪当民族复兴重任的时代新人,让青春在为祖国、为民族、为人民、为人类的不懈奋斗中绽放绚丽之花”。

（3）分组选择器

分组选择器使用逗号“,”连接两个选择器，前面的选择器匹配的元素与后面的选择器匹配的元素组合在一起作为分组选择器的结果集，语法格式如下所示。

```
h1,h2,h3,h4,h5,h6{ 属性 : 属性值 ;}
```

- 优点：可以合并相同的样式，减少代码冗余。
- 缺点：不方便个性管理和编辑。

使用分组选择器将所有标题元素统一样式，在浏览器中预览的效果如图 4-11 所示。

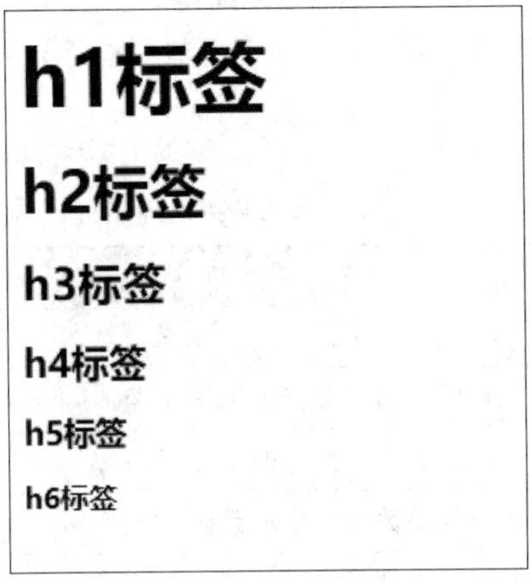

h1标签

h2标签

h3标签

h4标签

h5标签

h6标签

图 4-11　分组选择器

为实现图 4-11 所示的效果，代码 CORE0411 如下所示。

代码 CORE0411：分组选择器

```
<head>
    <style>
        h1, h2, h3, h4, h5, h6 {
            margin: 0;
            /* 清除标题的默认外边距 */
            margin-bottom: 10px;
            /* 使用下边距拉开标题距离 */
        }
    </style>
</head>
<body>
    <h1>h1 标签 </h1>
    <h2>h2 标签 </h2>
    <h3>h3 标签 </h3>
    <h4>h4 标签 </h4>
    <h5>h5 标签 </h5>
```

```
  <h6>h6 标签 </h6>
</body>
```

5. 伪类选择器

伪类选择器是一种特殊的类选择器，它的作用是可以对不同状态或行为下的元素定义样式，这些状态或行为是无法通过静态的选择器匹配的，它们具有动态特性。

（1）结构伪类选择器

结构伪类选择器根据文档结构的相互关系来匹配特定的元素，从而减少文档元素的class 属性和 ID 属性的无序设置，使得文档更加简洁。

结构伪类选择器虽然形式多样，但用法固定，以便设计各种特殊样式效果。结构伪类选择器如表 4-5 所示。

表 4-5　结构伪类选择器

选择器	描述
first-child	父元素的第一个指定的子元素
last-child	父元素的最后一个指定的子元素
nth-child(n)	父元素的第 n 个指定的子元素
nth-last-child(n)	父元素的倒数第 n 个子元素
first-of-type	父元素下同种子元素的第一个元素
last-of-type	父元素下同种子元素的最后一个元素
nth-of-type(n)	同种子元素的第 n 个元素
only-child	父元素下仅有的一个子元素
empty	选择空节点，即没有子元素的元素，而且该元素也不包含任何文本节点
root	选择文档的根元素，对于 HTML 文档，根元素永远 html 元素
not	选择器匹配非指定元素 / 选择器的每个元素

语法格式如下所示。

```
选择符 : 结构伪类选择器 { 属性 : 属性值 ; 属性 : 属性值 ;}
```

使用不同的结构伪类选择器选取元素并设置 CSS 样式，在浏览器中预览的效果如图 4-12 所示。

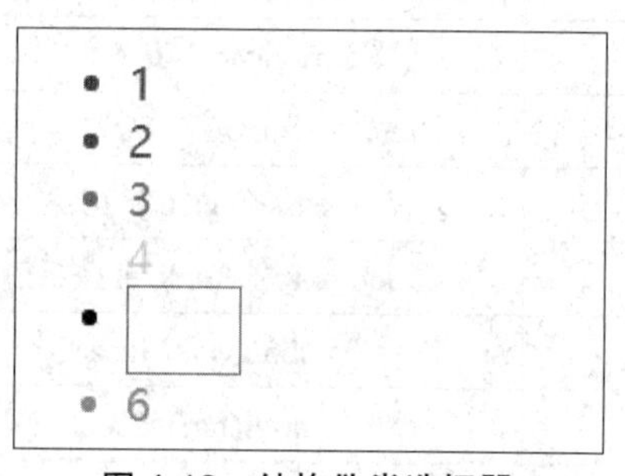

图 4-12　结构伪类选择器

为实现图 4-12 所示的效果，代码 CORE0412 如下所示。

代码 CORE0412: 结构伪类选择器

```
<head>
    <style>
        /* 将第一个 li 元素包含文字的颜色设置为 red*/
        ul li:first-child{
            color: red;
        }
        /* 将最后一个 li 元素包含文字的颜色设置为 blue*/
        ul li:last-child{
            color: blue;
        }
        /* 将第二个 li 元素包含文字的颜色设置为 crimson*/
        ul li:nth-child(2){
            color: crimson;
        }
        /* 将倒数第三个 li 元素包含文字的颜色设置为 yellow*/
        ul li:nth-last-child(3){
            color: yellow;
        }
        /* 将第一个 li 元素包含文字的颜色设置为 green*/
        ul li:first-of-type{
            color: green;
        }
        /* 将最后一个 li 元素包含文字的颜色设置为 darkorange*/
        ul li:last-of-type{
            color: darkorange;
        }
        /* 将第三个 li 元素包含文字的颜色设置为 cornflowerblue*/
        ul li:nth-of-type(3){
            color: cornflowerblue;
        }
        /* 将第四个 li 元素下仅有 a 元素中文字的颜色设置为 chartreuse*/
        ul li a:only-child{
            color: chartreuse;
        }
        /* 选择第五个空 li 元素并设置高度、宽度和边框 */
        ul li:empty{
```

```
                height: 30px;
                width: 40px;
                border: 1px cadetblue solid;
            }
    </style>
</head>
<body>
<ul>
    <li>
        1
    </li>
    <li>
        2
    </li>
    <li>
        3
    </li>
    <li>
        <a>4</a>
    </li>
    <li></li>
    <li>
        6
    </li>
</ul>
</body>
```

（2）否定伪类选择器

否定伪类选择器形式为 E:not()，表示选择 not() 以外的元素。

例如，将页面中所有段落文本的字体大小设置为 24 px，然后使用 :not(.author) 排除第一段文本，将其他段落文本的字体大小设置为 14 px，显示效果如图 4-13 所示。

七律·长征
毛泽东
红军不怕远征难，万水千山只等闲。五岭逶迤腾细浪，乌蒙磅礴走泥丸。
金沙水拍云崖暖，大渡桥横铁索寒。更喜岷山千里雪，三军过后尽开颜。

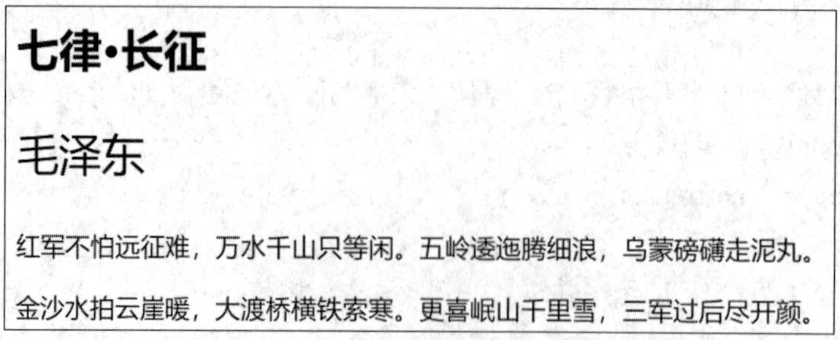

图 4-13　否定伪类选择器

为实现图 4-13 所示的效果，代码 CORE0413 如下所示。

代码 CORE0413: 否定伪类选择器

```
<head>
    <style>
        p {
            font-size: 24px;
        }

        p:not(.author) {
            font-size: 14px;
        }
    </style>
</head>

<body>
    <h2> 七律•长征 </h2>
    <p class="author"> 毛泽东 </p>
    <p> 红军不怕远征难，万水千山只等闲。五岭逶迤腾细浪，乌蒙磅礴走泥丸 。</p>
    <p> 金沙水拍云崖暖，大渡桥横铁索寒。更喜岷山千里雪，三军过后尽开颜 。</p>
</body>
```

课程思政：长征精神

1934 年 10 月，中国工农红军为粉碎国民党反动派的围剿，保存自己的实力，也为了北上抗日，挽救民族危亡，从江西瑞金出发，开始了举世闻名的长征。

2016 年 10 月 21 日，习近平在纪念红军长征胜利 80 周年大会上的讲话中指出："伟大长征精神，就是把全国人民和中华民族的根本利益看得高于一切，坚定革命的理想和信念，坚信正义事业必然胜利的精神；就是为了救国救民，不怕任何艰难险阻，不惜付出一切牺牲的精神；就是坚持独立自主、实事求是，一切从实际出发的精神；就是顾全大局、严守纪律、紧密团结的精神；就是紧紧依靠人民群众，同人民群众生死相依、患难与共、艰苦奋斗的精神。"

（3）目标伪类选择器

目标伪类选择器形式为 E:target，表示选择匹配 E 的所有元素，且匹配元素被相关 URL 指向。该选择器是动态选择器，只有存在 URL 指向该匹配元素时，样式效果才有效。

设计当单击页面中的锚点链接，跳转到指定标题位置时，该标题会自动高亮显示，以提醒用户当前跳转的位置，效果如图 4-14 所示。

图 4-14 目标伪类选择器

为实现图 4-14 所示的效果，代码 CORE0414 如下所示。

代码 CORE0414: 目标伪类选择器

```
<head>
  <style>
    /* 固定图片大小一致 */
    img{
      width: 100px;
      height: 100px;
    }
    /* 设计导航条固定在窗口右上角位置显示 */
    h1{
      position: fixed;
      right: 12px;
      top: 24px;
    }
    /* 让锚点链接堆叠显示 */
    h1 a{
      display: block;
    }
    /* 设计锚点链接的目标高亮显示 */
    h2:target{
      background: hsla(93, 96%, 62%, 1.00);
    }
```

```
  </style>
</head>
<body>
  <h1>
    <a href="#p1"> 图片 1</a>
    <a href="#p2"> 图片 2</a>
    <a href="#p3"> 图片 3</a>
    <a href="#p4"> 图片 4</a>
    <h2 id="p1"> 图片 1</h2>
    <p><img src="img1.jpg"></p>
    <h2 id="p2"> 图片 2</h2>
    <p><img src="img2.jpg"></p>
    <h2 id="p3"> 图片 3</h2>
    <p><img src="img3.jpg"></p>
    <h2 id="p4"> 图片 4</h2>
    <p><img src="img4.jpg"></p>
  </h1>
</body>
```

（4）状态伪类选择器

UI 状态伪类选择器主要作用于 form 表单，其中 CSS3 包含 3 个 UI 状态伪类选择器，如表 4-6 所示。

表 4-6　3 个 UI 状态选择器

名称	含义
:enabled	匹配所有启用的表单元素
:disabled	匹配所有禁用的表单元素
:checked	匹配选中的复选按钮或单选按钮的表单元素

设计一个简单的登录表单，效果如图 4-15 所示。在实际应用中，当用户登录后，不妨通过脚本把文本框设置为“不可用”（disabled="disabled"）状态。这时可以通过 :disabled 选择器让文本框显示为灰色，以告诉用户该文本框已不可用，这样就不用设计“不可用”样式类，并把该类添加到 HTML 结构中。

用户名 不可用 密 码 ••• 提 交

图 4-15　状态伪类选择器

为实现图 4-15 所示的效果，代码 CORE0415 如下所示。

代码 CORE0415: 状态伪类选择器

```
<head>
  <style>
    /* 初始化表格样式 */
    input[type="text"], input[type="password"]{
      border: 1px solid #0f0;
      width: 160px;
      height: 22px;
      padding-left: 20px;
      margin: 6px 0;
      line-height: 20px;
    }
    /* 使用状态伪类选择器,定义不可用表单对象显示为灰色,以提示用户该表单对象不
可用 */
    input[type="text"]:disabled{
      border: 1px solid #bbb;
    }
    input[type="password"]:disabled{
      border: 1px solid #bbb
    }
  </style>
</head>
<body>
  <form action="#">
    <label for="username"> 用户名 </label>
    <input type="text" name="username" id="username">
    <input type="text" name="username1" disabled="disabled" value=" 不可用 ">
    <label for="password"> 密 码 </label>
    <input type="password" name="password" id="password">
    <input type="password" name="password1" disabled="disabled" value=" 不可用 ">
    <input type="submit" value=" 提 交 ">
  </form>
</body>
```

（5）动态伪类选择器

动态伪类选择器是一类行为类样式，只有当用户与页面进行交互时有效，包括以下两种形式。

- 锚点伪类选择器，如 :link、:visited。
- 行为伪类选择器，如 :hover、:active 和 :focus。

动态伪类选择器的描述如表 4-7 所示。

表 4-7　动态伪类选择器

选择器	描述
link	初始状态
visited	结束状态
hover	悬停状态
active	激活状态
focus	焦点状态

在联合使用伪类选择器时，需要注意其顺序，正常顺序为 link、visited、hover、active。并且，为了简化代码，可以将相同的声明放入一个选择符中。

使用动态伪类为页面元素添加动态状态，效果如图 4-16 所示。

伪类选择器 伪类选择器 伪类选择器

图 4-16　动态伪类选择器

为实现图 4-16 所示的效果，代码 CORE0416 如下所示。

代码 CORE0416: 动态伪类选择器

```
<head>
  <style>
    a:link{
      color: red;
    }
    a:visited{
      color: blue;
    }
    a:hover{
      color: yellow;
    }
    a:active{
      color: green;
    }
    input:focus{
      border: 3px #000;
    }
```

```
    </style>
</head>
<body>
    <a href="#"> 伪类选择器 </a>
    <a href="#"> 伪类选择器 </a>
    <a href="#"> 伪类选择器 </a>
    <a href="#"> 伪类选择器 </a>
    <input type="text">
</body>
```

(6)伪对象选择器

伪对象选择器主要针对不确定对象定义样式,如第一行文本、第一个字符、前面内容、后面内容等。这些对象具体存在,但又无法具体确定,这时需要使用特定类型的选择器来匹配它们。

伪对象选择器以冒号":"作为语法标识符。冒号前可以添加选择符,限定伪对象应用的范围,冒号后为伪对象名称,冒号前后没有空格。在 CSS3 中伪对象前面包含两个冒号,主要是为了与伪类选择器进行语法区分。语法格式如下。

```
:: 伪对象名称
```

使用 ::before 伪对象选择器在段落文本前面添加 3 个字符"《礼记•学记》:",然后使用 ::first-letter 伪对象选择器设置段落文本第一个字符放大显示,定义字体大小为 24 px,效果如图 4-17 所示。

《礼记·学记》:"玉不琢,不成器;人不学,不知道。"

图 4-17 伪对象选择器

为实现图 4-17 所示的效果,代码 CORE0417 如下所示。

代码 CORE0417: 伪对象选择器

```
<head>
    <style>
        p::before{
            content: '《礼记•学记》:';
        }
        p::first-letter{
            font-size: 24px;
        }
```

```
  </style>
</head>
<body>
  <p>" 玉不琢，不成器；人不学，不知道。"</p>
</body>
```

使用 ::first-letter 伪对象选择器设置段落文本第一个字符放大、下沉显示，并使用 ::first-line 伪对象选择器设置段落文本第一行字符放大、带有阴影显示，效果如图 4-18 所示。

知识是每个人成才的基石。

图 4-18　伪对象选择器

为实现图 4-18 所示的效果，代码 CORE0418 如下所示。

代码 CORE0418: 伪对象选择器

```
<head>
    <style>
      p {
        font-size: 18px;
        line-height: 1.6em;
      }

      p::first-letter {
        /* 段落文本中第一个字符样式 */
        float: left;
        font-size: 60px;
        font-weight: bold;
        margin: 26px 6px;
      }

      p::first-line {
        color: red;
        font-size: 24px;
        text-shadow: 2px 2px 2px rgba(147, 251, 64, 1);
      }
```

```
    </style>
</head>

<body>
    <p> 知 </p >
    <p> 识是每个人成才的基石。</p >
</body>
```

课程思政:求真学问,练真本领

学习、求真,获得真知识、真学问,才能在实践中不断创新,推动国家和社会的发展。习近平总书记在北京大学师生座谈会上的讲话中,借用《礼记》中的话,希望广大青年珍惜大好的学习时光,在学生阶段打好基础,成为建设社会主义现代化强国的栋梁之才。

通过本项目的学习,了解了 CSS、CSS 样式表、CSS 基本语法以及 CSS 选择器,通过以下几个步骤,完成表格的设计。

第一步:利用表格结构构建一个数据表,代码 CORE0419 如下所示。

代码 CORE0419: 构建数据表

```
<body>
    <table>
        <thead>
            <tr>
                <th> 编号 </th>
                <th> 伪类表达式 </th>
                <th> 说明 </th>
            </tr>
        </thead>
        <tbody>
            <tr>
                <td colspan="3"> 简单的结构伪类 </td>
            </tr>
            <tr>
```

```
    <th>1</th>
    <td>:first-child</td>
    <td> 选择某个元素的第一个子元素 </td>
</tr>
<tr>
    <th>2</th>
    <td>:last-child</td>
    <td> 选择某个元素的最后一个子元素 </td>
</tr>
<tr>
    <th>3</th>
    <td>:first-of-type</td>
    <td> 选择一个上级元素下的第一个同类子元素 </td>
</tr>
<tr>
    <th>4</th>
    <td>:last-of-type</td>
    <td> 选择一个上级元素的最后一个同类子元素 </td>
</tr>
<tr>
    <th>5</th>
    <td>:only-child</td>
    <td> 选择的元素是它的父元素的唯一一个子元素 </td>
</tr>
<tr>
    <th>6</th>
    <td>:only-of-type</td>
    <td> 选择一个元素是它的上级元素的唯一一个相同类型的子元素 </td>
</tr>
<tr>
    <th class="end">7</th>
    <td>:empty</td>
    <td> 选择的元素里面没有任何内容 </td>
</tr>
<tr>
    <td colspan="3"> 结构伪类函数 </td>
</tr>
<tr>
```

```
            <th>8</th>
            <td>:nth-child()</td>
            <td> 选择某个元素的一个或多个特定的子元素 </td>
        </tr>
        <tr>
            <th>9</th>
            <td>:nth-last-child()</td>
            <td> 选择某个元素的一个或多个特定的子元素，从这个元素的最后一个子元素开始算 </td>
        </tr>
        <tr>
            <th>10</th>
            <td>:nth-of-type()</td>
            <td> 选择指定的元素 </td>
        </tr>
        <tr>
            <th class="end">11</th>
            <td>:nth-last-of-type()</td>
            <td> 选择指定的元素，从元素的最后一个开始计算 </td>
        </tr>
      </tbody>
    </table>
</body>
```

在浏览器中预览的效果如图 4-19 所示。

编号	伪类表达式	说明
简单的结构伪类		
1	:first-child	选择某个元素的第一个子元素
2	:last-child	选择某个元素的最后一个子元素
3	:first-of-type	选择一个上级元素下的第一个同类子元素
4	:last-of-type	选择一个上级元素的最后一个同类子元素
5	:only-child	选择的元素是它的父元素的唯一一个子元素
6	:only-of-type	选择一个元素是它的上级元素的唯一一个相同类型的子元素
7	:empty	选择的元素里面没有任何内容
结构伪类函数		
8	:nth-child()	选择某个元素的一个或多个特定的子元素
9	:nth-last-child()	选择某个元素的一个或多个特定的子元素，从这个元素的最后一个子元素开始算
10	:nth-of-type()	选择指定的元素
11	:nth-last-of-type()	选择指定的元素，从元素的最后一个开始计算

图 4-19　HTML 结构效果

第二步：使用 <style> 标签在当前文档中内创建一个样式表，并初始化表格样式，代码 CORE0420 如下所示。

代码 CORE0420：初始化表格样式

```
<style>
  table{
    border-collapse: collapse;
    font-size: 75%;
    line-height: 1.4;
    border: solid 2px #ccc;
    width: 100%;
  }
  th, td{
    padding: .3em .5em;
    cursor: pointer;
  }
  th{
    font-weight: normal;
    text-align: left;
    padding-left: 15px;
  }
</style>
```

在浏览器中预览的效果如图 4-20 所示。

编号	伪类表达式	说明
简单的结构伪类		
1	:first-child	选择某个元素的第一个子元素
2	:last-child	选择某个元素的最后一个子元素
3	:first-of-type	选择一个上级元素下的第一个同类子元素
4	:last-of-type	选择一个上级元素的最后一个同类子元素
5	:only-child	选择的元素是它的父元素的唯一一个子元素
6	:only-of-type	选择一个元素是它的上级元素的唯一一个相同类型的子元素
7	:empty	选择的元素里面没有任何内容
结构伪类函数		
8	:nth-child()	选择某个元素的一个或多个特定的子元素
9	:nth-last-child()	选择某个元素的一个或多个特定的子元素，从这个元素的最后一个子元素开始算
10	:nth-of-type()	选择指定的元素
11	:nth-last-of-type()	选择指定的元素，从元素的最后一个开始计算

图 4-20　初始化表格样式

第三步：使用结构伪类选择器匹配合并单元格所在的行，定义合并单元格所在行加粗显示，代码 CORE0421 如下所示。

代码 CORE0421: 合并单元格所在行加粗显示

```
td:only-of-type{
    font-weight: bold;
    color: #444;
}
```

在浏览器中预览的效果如图 4-21 所示。

编号	伪类表达式	说明
简单的结构伪类		
1	:first-child	选择某个元素的第一个子元素
2	:last-child	选择某个元素的最后一个子元素
3	:first-of-type	选择一个上级元素下的第一个同类子元素
4	:last-of-type	选择一个上级元素的最后一个同类子元素
5	:only-child	选择的元素是它的父元素的唯一一个子元素
6	:only-of-type	选择一个元素是它的上级元素的唯一一个相同类型的子元素
7	:empty	选择的元素里面没有任何内容
结构伪类函数		
8	:nth-child()	选择某个元素的一个或多个特定的子元素
9	:nth-last-child()	选择某个元素的一个或多个特定的子元素，从这个元素的最后一个子元素开始算
10	:nth-of-type()	选择指定的元素
11	:nth-last-of-type()	选择指定的元素，从元素的最后一个开始计算

图 4-21　结构伪类选择器

第四步：使用否定伪类选择器选择主体区域非最后一个 th 元素。以背景方式在行前定义结构路径线，代码 CORE0422 如下所示。

代码 CORE0422: 以背景方式在行前定义结构路径线

```
tbody th:not(.end){
    background: url(bgr.jpg) 15px 56% no-repeat;
    padding-left: 26px;
}
```

在浏览器中预览的效果如图 4-22 所示。

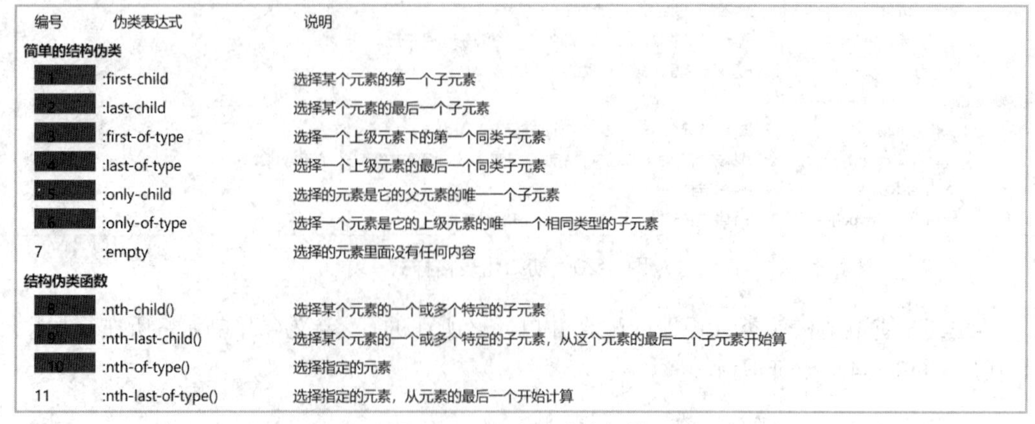

编号	伪类表达式	说明
简单的结构伪类		
1	:first-child	选择某个元素的第一个子元素
2	:last-child	选择某个元素的最后一个子元素
3	:first-of-type	选择一个上级元素下的第一个同类子元素
4	:last-of-type	选择一个上级元素的最后一个同类子元素
5	:only-child	选择的元素是它的父元素的唯一一个子元素
6	:only-of-type	选择一个元素是它的上级元素的唯一一个相同类型的子元素
7	:empty	选择的元素里面没有任何内容
结构伪类函数		
8	:nth-child()	选择某个元素的一个或多个特定的子元素
9	:nth-last-child()	选择某个元素的一个或多个特定的子元素，从这个元素的最后一个子元素开始算
10	:nth-of-type()	选择指定的元素
11	:nth-last-of-type()	选择指定的元素，从元素的最后一个开始计算

图 4-22　否定伪类选择器

第五步：使用类选择器选择主体区域非最后一个 th 元素。以背景方式在行前定义结构封闭路径线，代码 CORE0423 如下所示。

代码 CORE0423: 以背景方式在行前定义结构封闭路径线

```
tbody th.end{
    background: url(bgr2.jpg) 15px 56% no-repeat;
    padding-left: 26px;
}
```

在浏览器中预览的效果如图 4-23 所示。

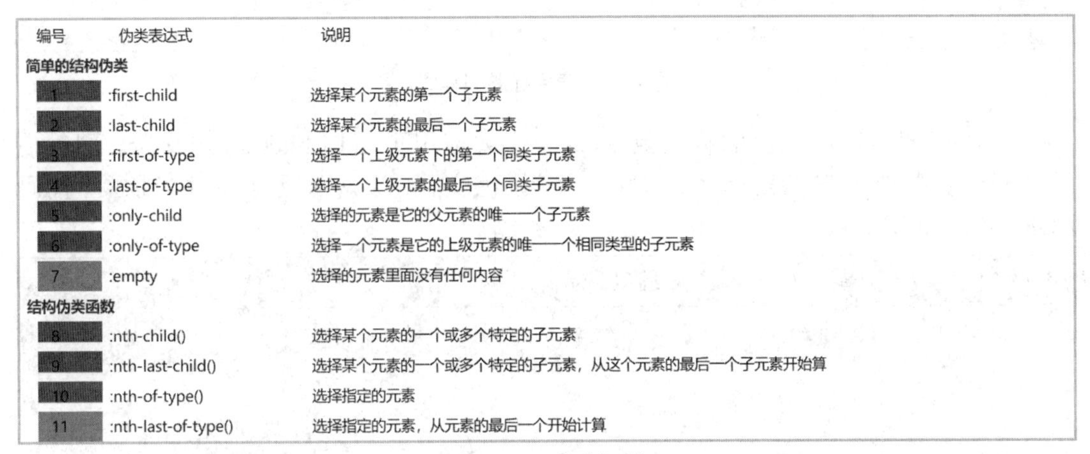

编号	伪类表达式	说明
简单的结构伪类		
1	:first-child	选择某个元素的第一个子元素
2	:last-child	选择某个元素的最后一个子元素
3	:first-of-type	选择一个上级元素下的第一个同类子元素
4	:last-of-type	选择一个上级元素的最后一个同类子元素
5	:only-child	选择的元素是它的父元素的唯一一个子元素
6	:only-of-type	选择一个元素是它的上级元素的唯一一个相同类型的子元素
7	:empty	选择的元素里面没有任何内容
结构伪类函数		
8	:nth-child()	选择某个元素的一个或多个特定的子元素
9	:nth-last-child()	选择某个元素的一个或多个特定的子元素，从这个元素的最后一个子元素开始算
10	:nth-of-type()	选择指定的元素
11	:nth-last-of-type()	选择指定的元素，从元素的最后一个开始计算

图 4-23　类选择器

第六步：使用 thead 元素把表头标题独立出来，方便 CSS 控制，避免定义过多的 class 属性。th 元素有两种显示形式：一种用来定义列标题；另一种用来定义行标题。下面样式是定义表格标题列样式，代码 CORE0424 如下所示。

代码 CORE0424: 设置表头样式

```
thead th{
  background: #c6ceda;
  border-color: #fff #fff #888 #fff;
  border-style: solid;
  border-width:1px 1px 2px 1px;
  padding: left 0.5em;
}
```

在浏览器中预览的效果如图 4-24 所示。

编号	伪类表达式	说明
简单的结构伪类		
1	:first-child	选择某个元素的第一个子元素
2	:last-child	选择某个元素的最后一个子元素
3	:first-of-type	选择一个上级元素下的第一个同类子元素
4	:last-of-type	选择一个上级元素的最后一个同类子元素
5	:only-child	选择的元素是它的父元素的唯一一个子元素
6	:only-of-type	选择一个元素是它的上级元素的唯一一个相同类型的子元素
7	:empty	选择的元素里面没有任何内容
结构伪类函数		
8	:nth-child()	选择某个元素的一个或多个特定的子元素
9	:nth-last-child()	选择某个元素的一个或多个特定的子元素，从这个元素的最后一个子元素开始算
10	:nth-of-type()	选择指定的元素
11	:nth-last-of-type()	选择指定的元素，从元素的最后一个开始计算

图 4-24 表格标题列样式

第七步：设置隔行换色的背景效果，这里主要应用了 :nth-child(2n) 选择器。同时使用 :hover 动态伪类定义鼠标经过时的行背景色变化，以提示鼠标经过当前行，代码 CORE0425 如下所示。

代码 CORE0425：隔行换色，鼠标悬停换色

```
tbody tr:nth-child(2n){
    background-color: #fef;
}
tbody tr:hover{
    background: #fbf;
}
```

在浏览器中预览的效果如图 4-25 所示。

编号	伪类表达式	说明
简单的结构伪类		
1	:first-child	选择某个元素的第一个子元素
2	:last-child	选择某个元素的最后一个子元素
3	:first-of-type	选择一个上级元素下的第一个同类子元素
4	:last-of-type	选择一个上级元素的最后一个同类子元素
5	:only-child	选择的元素是它的父元素的唯一一个子元素
6	:only-of-type	选择一个元素是它的上级元素的唯一一个相同类型的子元素
7	:empty	选择的元素里面没有任何内容
结构伪类函数		
8	:nth-child()	选择某个元素的一个或多个特定的子元素
9	:nth-last-child()	选择某个元素的一个或多个特定的子元素，从这个元素的最后一个子元素开始算
10	:nth-of-type()	选择指定的元素
11	:nth-last-of-type()	选择指定的元素，从元素的最后一个开始计算

图 4-25 隔行换色背景效果

本项目通过对伪类选择器表格的实现,对 CSS 的相关概念有了初步了解,对 CSS 样式表、CSS 基本语法以及 CSS 选择器的使用有所了解和掌握,并能够通过所学的 CSS 基础知识实现伪类选择器表格的制作。

style	样式	consortium	联盟
shadow	阴影	link	链接
syntax	语法	selector	选择器
type	类型	menu	菜单
test	测试	property	所有物

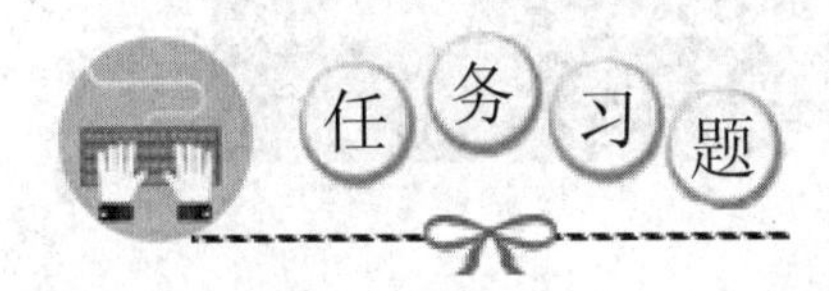

1. 选择题

(1)CSS 语法中用于指定样式作用于哪些对象的部分是(　　)?

A. 选择器　　B. 声明　　C. 属性　　D. 属性值

(2)引用外部样式时,href 属性用于指定(　　)。

A. 文件类型　　B. 文件位置　　C. 关联文档　　D. 文件名称

(3)类选择器使用什么符号表示(　　)?

A. 符号“.”　　B. 符号“*”　　C. 符号“#”　　D. 符号“&”

(4)伪类选择器的正常顺序为(　　)。

A. visited、link、hover、active　　B. link、visited、hover、active

C. hover、link、visited、active　　D. link、visited、hover、active

(5)伪元素选择器中用于在元素之前插入内容的是(　　)。

A. before　　B. after　　C. selection　　D. placeholder

2. 简答题

（1）如何使用结构伪类选择器选择父元素的倒数第四个子元素。

（2）为超链接添加鼠标悬停应使用什么选择器？

3. 实操题

使用所学的 CSS 知识以及 HTML 知识完成某家具网页的制作。

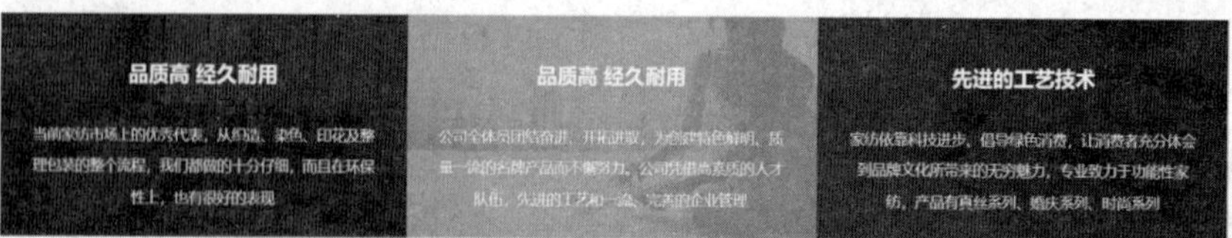

项目五　CSS 核心属性

通过对 CSS 核心属性的学习，了解字体类型、大小、颜色、粗细的相关属性，熟悉文本对齐与间距属性的使用方法，掌握背景图像的设置，具有使用不同的列表符号美化列表的能力，在任务实施过程中：

- 了解 CSS 核心属性的概念；
- 熟悉 CSS 字体属性的使用场景；
- 掌握 CSS 文本属性的使用方法；
- 具有使用 CSS 核心属性美化页面的能力。

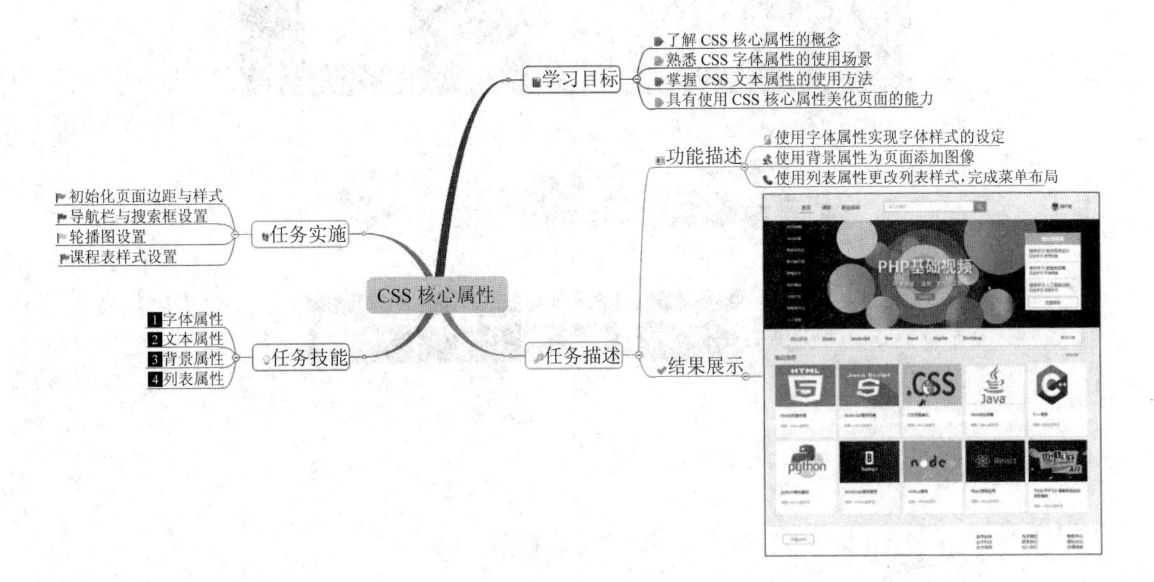

【情景导入】

网站要有内容做支撑，而内容的表现形式有很多种，如文字、图片、视频等，其中最主要的就是文字。任何一个网页都不能脱离文字而独立存在，可见文字的重要性。如果网站的文字信息复杂繁乱，不仅会影响访客的阅读体验，甚至会让他们直接跳出网站。本项目通过对 CSS 核心属性的讲解，完成对首页导航菜单页面的制作。

【任务描述】

- 使用字体属性实现字体样式的设定。
- 使用背景属性为页面添加图像。
- 使用列表属性更改列表样式，完成菜单布局。

【效果展示】

通过对本项目的学习，能够使用 CSS 核心属性完成首页导航栏的制作与美化工作，效果如图 5-1 所示。

图 5-1 效果图

技能点一　字体属性

字体可以提高页面文本的可读性，因此为字体选择正确的颜色与大小对于有大批量文字的页面来说很重要。在 CSS 中，字体样式包括字体类型、大小、颜色、粗细、修饰线等。

1. 定义字体类型

font-family 规定元素的字体系列，font-family 属性的值是由某个元素的字体族名称或类族名称的一个优先表。font-family 的语法格式如下所示。

```
font-family:name;
```

其中，name 表示字体名称，可以设置字体列表，多个字体按顺序优先排列，以逗号“,”隔开，所有不同的字体名称都属于这五个字体族之一，五个字体族中各自常见的字体名称，即 name 的取值如表 5-1 所示。

表 5-1　name 取值

字体类型	描述	字体名称
衬线字体(serif)	每个字母的边缘都有一个小的笔触，它们营造出一种形式感和优雅感	Times New Roman Georgia Garamond
无衬线字体(sans-serif)	字体线条简洁(没有小笔画)，它们营造出现代而简约的外观	Arial Verdana Helvetica
等宽字体(monospace)	所有字母都有相同的固定宽度，它们创造出机械式的外观	Courier New Lucida Console Monaco
草书字体(cursive)	模仿了人类的笔迹	Brush Script MT Lucida Handwriting
幻想字体(fantasy)	是装饰性 / 俏皮的字体	Copperplate Papyrus

2. 定义字体大小

在优化网页内容时，字体大小对页面的整体效果也十分重要，通过控制字体大小可以区分内容主次以及起到引导视线的作用。在 CSS 中，可以使用 font-size 属性来定义字体的大小，语法格式如下所示。

```
font-size:xx-small | x-small | small | medium | large | x-large | xx-large | larger | smaller | length;
```

其中对于 font-size 属性值的描述如表 5-2 所示。

表 5-2 font-size 属性值及其描述

属性值	描述
xx-small（最小） x-small（较小） small（小） medium（正常） large（大） x-large（较大） xx-large（最大）	表示绝对字体尺寸，这些特殊值将根据对象字体进行调整
larger（增大） smaller（减少）	这对特殊值能够根据父对象中字体尺寸进行相对增大或者缩小处理
length	length 表示将字体大小设定为一个固定的值，同时需要指定具体单位，如 24 px、36 px、2 em
%	表示将字体大小设置为以父对象的字体大小为基准的百分比大小，如 50%、120%

定义一个内部样式表，设置 body 的字体大小为 18 px；<p> 标签的字体大小以 body 的大小为参考，设置为 0.75 em；<div> 标签以点为单位设置为 20 pt，在浏览器中预览的效果如图 5-2 所示。

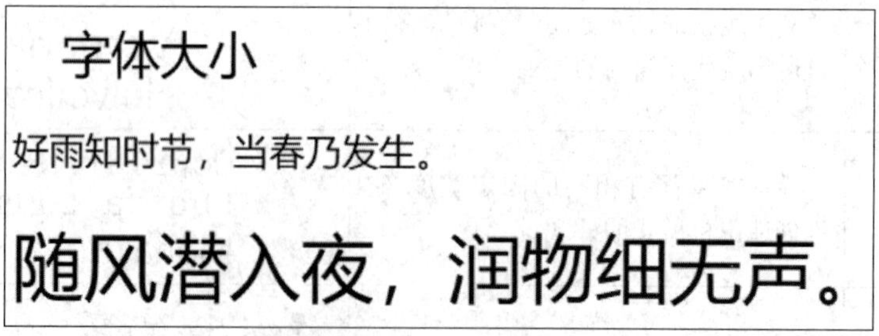

字体大小

好雨知时节，当春乃发生。

随风潜入夜，润物细无声。

图 5-2 修改字体大小

为实现图 5-2 所示的效果，代码 CORE0501 如下所示。

代码 CORE0501：修改文字大小

```
<head>
<style type="text/css">
    body{
      /* 以像素为单位设置字体大小 */
      font-size: 18px;
    }
    p{
      /* 以父辈字体大小为参考设置大小 */
      font-size: 0.75em;
    }
    div{
      /* 以点为单位设置字体大小 */
      font-size: 20pt;
    }
</style>
</head>
<body>
  字体大小
  <p> 好雨知时节，当春乃发生。</p>
  <div>
      随风潜入夜，润物细无声。
  </div>
</body>
```

3. 定义字体颜色

通过修改页面中的字体颜色，可以让页面更加丰富多彩以及区分段落中的重点文字等，使用 CSS 的 color 属性即可定义字体颜色，语法格式如下所示。

```
color: color;
```

其中，属性值的取值包括颜色名、十六进制值、RGB 等颜色函数。颜色取值的样式举例如表 5-3 所示。

表 5-3　颜色取值的样式举例

颜色类型	取值
颜色名	取值需要用颜色的英文单词来表示，例如：red、blue、yellow
十六进制	取值需要以“#”开头，例如：#000000，同时 6 位相同的数值可以简写为 3 位，即 #000000 可简写为 #000
RGB	取值需要包裹在函数 rgb() 中，例如：rgb（255,0,0）

定义一个内部样式表，将 <p> 标签字体颜色以十六进制表示为 #000，<div> 标签字体颜色以 RGB 形式表示为 rgb（120,120,120），<span> 标签使用颜色名形式表示为 brown，在浏览器中预览的效果如图 5-3 所示。

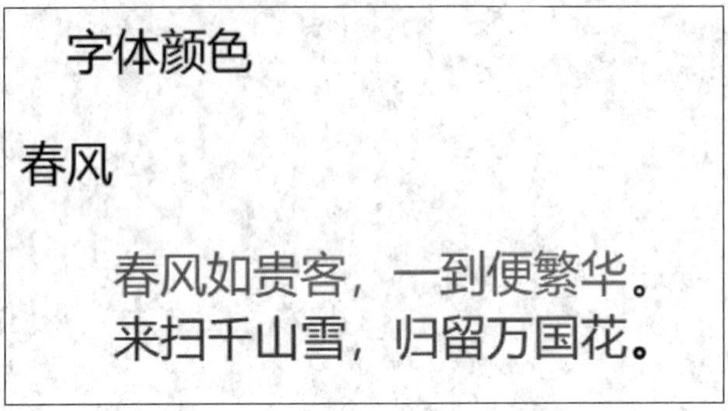

字体颜色

春风

春风如贵客，一到便繁华。
来扫千山雪，归留万国花。

图 5-3 修改字体颜色

为实现如图 5-3 所示效果，代码 CORE0502 如下所示。

代码 CORE0502：修改字体颜色

```
<head>
<style type="text/css">
    p{
      /* 使用十六进制 */
      color: #000;
    }
    div{
      /* 使用 RGB */
      color: rgb(120, 120, 120)
    }
    span{
      /* 使用颜色名 */
      color: brown;
    }
</style>
</head>
<body>
  字体颜色
  <p> 春风 </p>
  <div>
    春风如贵客，一到便繁华
  </div>
```

```
  <span>
    来扫千山雪，归留万国花。
  </span>
</body>
```

4. 定义字体粗细

在设定大篇幅的文字时，需要通过修改字体粗细来突出重点以及标识文章标题等，使用 CSS 的 font-weight 属性即可定义字体粗细，语法格式如下所示。

```
font-weight: normal | bold | bolder | lighter | 100 | 200 | 300 | 400 | 500 | 600 | 700 | 800 | 900;
```

font-weight 属性值的描述如表 5-4 所示。

表 5-4　字体粗细属性值及其描述

属性值	描述
normal	为默认值，表示正常的字体，相当于取值为 400
bold	表示粗体，相当于取值为 700，或者使用 <b> 标签定义的字体效果
bolder（较粗）和 lighter（较细）	相对于当前字体粗细而言更粗或更细
100、200、300、400、500、600、700、800、900 等	表示字体粗细的值，是定义字体粗细的一种量化方式，值越大表示字体越粗，反之越细

定义一个内部样式表，将 <h3> 标签以具体数值的形式取值为 700，<div> 标签使用 bolder 数值表示为更粗，同时定义一个粗体样式，在浏览器中预览的效果如图 5-4 所示。

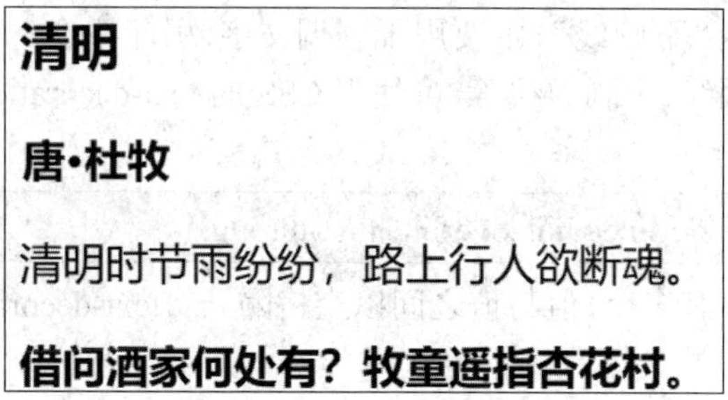

清明

唐•杜牧

清明时节雨纷纷，路上行人欲断魂。

借问酒家何处有？牧童遥指杏花村。

图 5-4　改变字体粗细效果

为实现如图 5-4 所示效果，代码 CORE0503 如下所示。

代码 CORE0503：更改字体粗细

```
<head>
  <style type="text/css">
    h3{
      /* 等同于 font-weight: bold; */
      font-weight: 700;
```

```
        }
        div{
            /* 约等于 font-weight: 500 */
            font-weight: bolder;
        }
        .bold{
            /* 自定义的粗体样式 */
            font-weight: bold;
        }
</style>
</head>
<body>
    <h3> 清明 </h3>
    <p class="bold"> 唐•杜牧 </p>
    <p>
        清明时节雨纷纷，路上行人欲断魂。
    </p>
    <div>
        借问酒家何处有？牧童遥指杏花村。
    </div>
</body>
```

5. 定义字体修饰线

字体修饰线也称为“下画线”，主要用于强调文字，引起注意。下画线一般分为单下画线、双下画线、加粗下画线、下画虚线等，可使用 CSS 的 text-decoration 属性定义字体修饰线效果，语法格式如下所示。

```
text-decoration: none |underline|blink|overline|line-through;
```

修饰线的取值可以有多个，值与值之间以空格隔开。text-decoration 属性值的描述如表 5-5 所示。

表 5-5　text-decoration 属性值及其描述

属性值	描述
normal	默认值，表示无修饰线
underline	表示下画线效果
blink	表示闪烁效果
overline	表示上画线效果
line-through	表示删除线效果

定义 3 个字体修饰线样式，在 <body> 标签中输入 3 个段落文本，并分别应用修饰样式，再定义一个 line 样式，在该样式中，同时声明多个修饰值，在浏览器中预览的效果如图 5-5 所示。

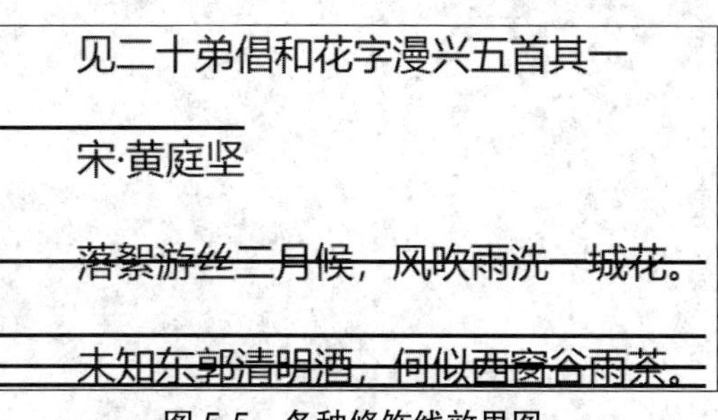

图 5-5　各种修饰线效果图

为实现图 5-5 所示的效果，代码 CORE0504 如下所示。

代码 CORE0504：添加修饰线

```
<head>
  <style type="text/css">
    *{
      margin: 20px;
    }
    .underline{
      /* 下画线样式 */
      text-decoration: underline;
    }
    .overline{
      /* 上画线样式 */
      text-decoration: overline;
    }
    .line-through{
      /* 删除线样式 */
      text-decoration: line-through;
    }
    .line {
      /* 多个修饰线应用在一个文本 */
      text-decoration:line-through overline underline;
      }
</style>
</head>
<body>
```

```
    <div class="undeline">
      见二十弟倡和花字漫兴五首其一
    </div>
    <div class="overline">
      宋•黄庭坚
    </div>
    <div class="line-through">
      落絮游丝三月候，风吹雨洗一城花。
    </div>
    <div class="line">
      未知东郭清明酒，何似西窗谷雨茶。
    </div>
</body>
```

课程思政：文化自信

二十四节气是中华民族上下五千年的优秀文化结晶之一，每个节气都有每个节气的特色。2022 年 2 月 4 日，第 24 届北京冬奥会以中国二十四节气来倒计时，不少节气还配合了一句诗文来解读，体现了高度的文化自信。

技能点二　文本属性

一个优秀的网页文字排版，可以向读者更好地传递所要表达的内容，提高读者的阅读体验感，所以做好网站文字的排版是非常有必要的。CSS 中文本样式主要负责设计正文的排版效果，属性名以 text 为前缀进行命名。

1. 定义水平对齐

使用 CSS 的 text-align 属性可以定义文本的水平对齐方式，但仅对行内对象有效，如文本、图像、超链接等，语法格式如下所示。

```
text-align: left | right | center | justify;
```

text-align 属性值说明如表 5-6 所示。

表 5-6　text-align 属性值说明

属性值	说明
left	默认值，表示左对齐
right	表示右对齐
center	表示居中对齐

续表

属性值	说明
justify	表示两端对齐
start	表示内容对齐开始边界，CSS3 新增内容
end	表示内容对齐结束边界，CSS3 新增内容
match-parent	表示与 inherit(继承) 表现一致，CSS3 新增内容
justify-all	效果等同于 justify，但还会让最后一行也两端对齐，CSS3 新增内容

新建一个 HTML 文档，在内部样式表中定义 3 个对齐类样式，然后在 body 标签中输入 3 段文本，并分别应用这 3 个对齐类样式，效果如图 5-6 所示。

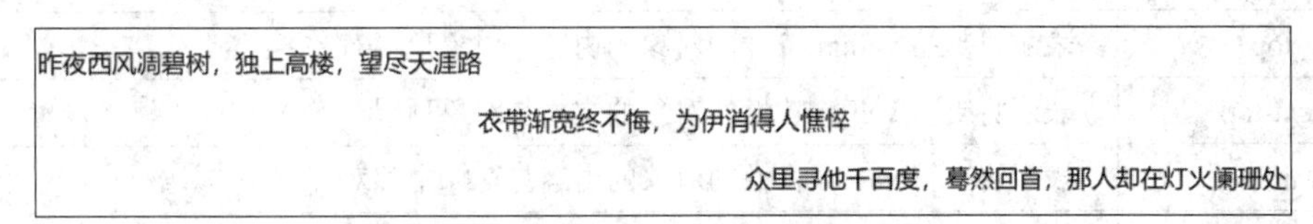

图 5-6　文字不同对齐样式的效果

为实现图 5-6 所示的效果，代码 CORE0505 如下所示。

代码 CORE0505：修改文本对齐方式

```
<head>
    <style>
        .left{
            text-align: left;
        }
        .center{
            text-align: center;
        }
        .right{
            text-align: right;
        }
    </style>
</head>
<body>
    <p align="left"> 昨夜西风凋碧树，独上高楼，望尽天涯路 </p>
    <p class="center"> 衣带渐宽终不悔，为伊消得人憔悴 </p>
    <p class="right"> 众里寻他千百度，蓦然回首，那人却在灯火阑珊处 </p>
</body>
```

2. 定义垂直对齐

使用 CSS 的 vertical-align 属性可以定义文本垂直对齐方式，vertical-align 属性与 text-align 属性一样仅对行内对象有效，语法格式如下所示。

```
vertical-align: auto | baseline | sub | super | top | text-top | middle | bottom | text-bottom | length;
```

vertical-align 属性值及其说明如表 5-7 所示。

表 5-7 vertical-align 属性值及其说明

属性值	说明
auto	根据 layout-flow 属性的值对齐对象内容
baseline	默认值，表示将支持 valign 特性的对象内容与基线对齐
sub	表示垂直对齐文本的下标
super	表示垂直对齐文本的上标
top	表示将支持 valign 特性的对象的内容与对象顶端对齐
text-top	表示将支持 valign 特性的对象的文本与对象顶端对齐
middle	表示将支持 valign 特性的对象的内容与对象中部对齐
bottom	表示将支持 valign 特性的对象的内容与对象底端对齐
text-bottom	表示将支持 valign 特性的对象的文本与对象底端对齐
length	表示由浮点数字和单位标识符组成的长度值或者百分数，可为负数，定义由基线算起的偏移量，基线对于数值来说为 0，对于百分数来说为 0%

新建一个 HTML 文档，在 <head> 标签下的 <style> 标签中定义一个内部样式表，然后设定 <p> 标签的垂直对齐方式为 super，在浏览器中预览的效果如图 5-7 所示。

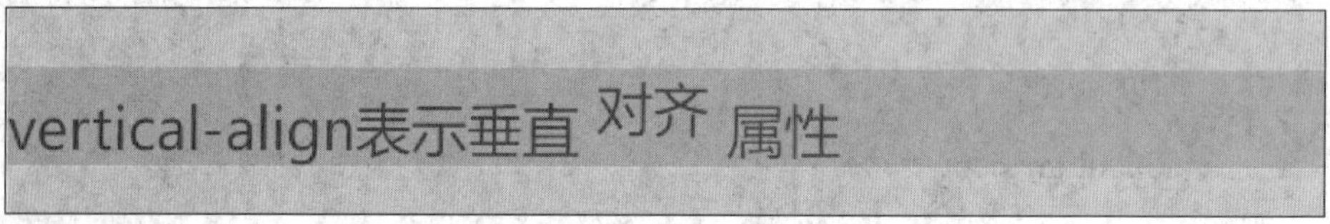

vertical-align表示垂直 对齐 属性

图 5-7 设定文字垂直对齐的效果

为实现图 5-7 所示的效果，代码 CORE0506 如下所示。

代码 CORE0506：设置文本垂直对齐方式

```
<head>
    <style>
        .super{
            vertical-align: super;
        }
    </style>
</head>
<body>
```

```
    <p>
        vertical-align 表示垂直
        <span class="super"> 对齐 </span>
        属性
    </p>
</body>
```

3. 定义间距

使用 CSS 的 letter-spacing 属性可以定义字间距，使用 CSS 的 word-spacing 属性可以定义词间距。这两个属性的取值都是长度值，由浮点数字和单位标识符组成，默认值为 normal，表示默认间隔，语法格式如下所示。

```
letter-spacing: length;
```

定义词间距时，以空格为基准进行调整，如果多个单词被连在一起，则被 word-spacing 属性视为一个单词；如果汉字被空格分隔，则分隔的多个汉字被视为不同的单词，word-spacing 属性此时有效。

新建一个 HTML 文件，定义一个内部样式表，分别设置字体的字间距与词间距为 1em，在浏览器中预览的效果如图 5-8 所示。

l e t t e r s p a c i n g w o r d s p a c i n g （ 字 间 距 ）
letter　spacing　word　spacing（词间距）

图 5-8　设定文字间距与词间距的效果

为实现图 5-8 所示的效果，代码 CORE0507 如下所示。

```
代码 CORE0507：修改文本字间距与词间距
<head>
    <style>
        .lspacing{
            letter-spacing: 1em;
        }
        .wspacing{
            word-spacing: 1em;
        }
    </style>
</head>
<body>
    <p class="lspacing">letter spacing word spacing（字间距）</p>
    <p class="wspacing">letter spacing word spacing（词间距）</p>
</body>
```

4. 定义行高

线与线之间的距离就是行高，网页中的文字实际上是被写在看不见的两条线中，文字会默认在行高中垂直居中显示。CSS 中没有提供一种可以直接设置行间距的方式，只能通过设置行高，间接设置行间距，行高越大，行间距越大。使用 CSS 的 line-height 属性可以定义行高，语法格式如下所示。

```
line-height : normal | length;
```

其中 normal 表示默认值，一般为 1.2 em；length 表示百分比数字，或者由浮点数字和单位标识符组成的长度值，允许为负值，并且当行高大小等于字体大小时，即可实现标签内容的垂直居中。

新建一个 HTML 文档，在 <head> 标签内添加 <style> 标签，分别定义两个行高样式，第一个行高设置为 1em，第二个行高设置为 2 em，在浏览器中预览的效果如图 5-9 所示。

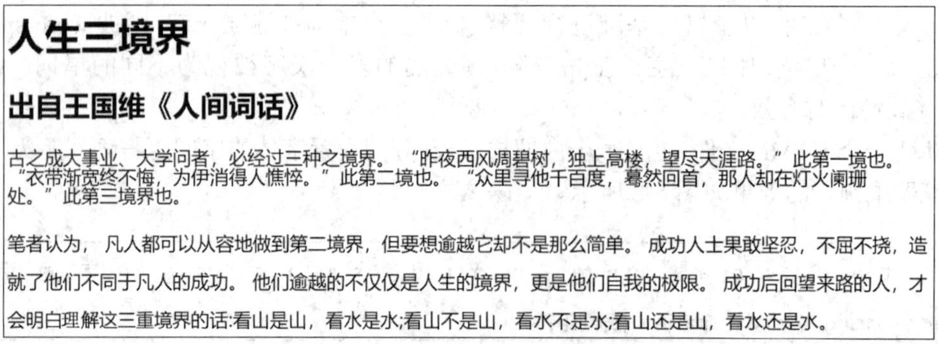

人生三境界

出自王国维《人间词话》

古之成大事业、大学问者，必经过三种之境界。“昨夜西风凋碧树，独上高楼，望尽天涯路。”此第一境也。“衣带渐宽终不悔，为伊消得人憔悴。”此第二境也。“众里寻他千百度，蓦然回首，那人却在灯火阑珊处。”此第三境界也。

笔者认为，凡人都可以从容地做到第二境界，但要想逾越它却不是那么简单。成功人士果敢坚忍，不屈不挠，造就了他们不同于凡人的成功。他们逾越的不仅仅是人生的境界，更是他们自我的极限。成功后回望来路的人，才会明白理解这三重境界的话:看山是山，看水是水;看山不是山，看水不是水;看山还是山，看水还是水。

图 5-9 设定文字行高的效果

为实现图 5-9 所示的效果，代码 CORE0508 如下所示。

代码 CORE0508：修改文本行高

```
<head>
    <style>
        .p1{
            /* 行高样式类 1 */
            line-height: 1em;
            /* 行高为一个字大小 */
        }
        .p2{
            /* 行高样式类 2 */
            line-height: 2em;
            /* 行高为两个字大小 */
        }
    </style>
```

```
</head>
<body>
    <h1> 人生三境界 </h1>
    <h2> 出自王国维《人间词话》</h2>
    <p class="p1">
        古之成大事业、大学问者，必经过三种之境界。
        “昨夜西风凋碧树，独上高楼，望尽天涯路。”此第一境也。
        “衣带渐宽终不悔，为伊消得人憔悴。”此第二境也。
        “众里寻他千百度，蓦然回首，那人却在灯火阑珊处。”此第三境界也。
    </p>
    <p class="p2">
        笔者认为，凡人都可以从容地做到第二境界，但要想逾越它却不是那么简单。
        成功人士果敢坚忍，不屈不挠，造就了他们不同于凡人的成功。
        他们逾越的不仅仅是人生的境界，更是他们自我的极限。
        成功后回望来路的人，才会明白理解这三重境界的话：看山是山，看水是水；看
山不是山，看水不是水；看山还是山，看水还是水。
    </p>
</body>
```

5. 定义首行缩进

首行缩进可以将段落的第一行以规定的数值进行缩进，其余各行都保持不变，这样可以便于读者阅读与区分段落的整体结构，使用 CSS 的 text-indent 属性可以定义文本首行缩进，语法格式如下所示。

```
text-indent: length;
```

length 表示百分比数字或者由浮点数字和单位标识符组成的长度值，允许为负值。建议在设置缩进单位时，以 em 为设置单位，em 表示一个字距，这样可以比较精确地确定首行缩进的效果。

定义一个内部样式表，设定每个 <p> 标签段落文本首行缩进 2 个字距，在浏览器中预览的效果如图 5-10 所示。

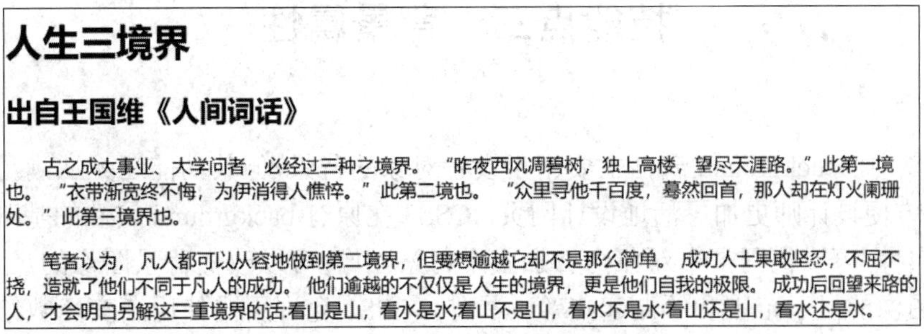

人生三境界

出自王国维《人间词话》

古之成大事业、大学问者，必经过三种之境界。“昨夜西风凋碧树，独上高楼，望尽天涯路。”此第一境也。“衣带渐宽终不悔，为伊消得人憔悴。”此第二境也。“众里寻他千百度，蓦然回首，那人却在灯火阑珊处。”此第三境界也。

笔者认为，凡人都可以从容地做到第二境界，但要想逾越它却不是那么简单。成功人士果敢坚忍，不屈不挠，造就了他们不同于凡人的成功。他们逾越的不仅仅是人生的境界，更是他们自我的极限。成功后回望来路的人，才会明白另解这三重境界的话:看山是山，看水是水;看山不是山，看水不是水;看山还是山，看水还是水。

图 5-10 设定段落首行缩进的效果

为实现图 5-10 所示的效果，代码 CORE0509 如下所示。

代码 CORE0509：为段落添加首行缩进

```
<head>
    <style>
        p {
            /* 首行缩进 2 个字距 */
            text-indent:2em;
        }
    </style>
</head>
<body>
    <h1> 人生三境界 </h1>
    <h2> 出自王国维《人间词话》</h2>
    <p>
        古之成大事业、大学问者，必经过三种之境界。
        “昨夜西风凋碧树，独上高楼，望尽天涯路。”此第一境也。
        “衣带渐宽终不悔，为伊消得人憔悴。”此第二境也。
        “众里寻他千百度，蓦然回首，那人却在灯火阑珊处。”此第三境界也。
    </p>
    <p>
        笔者认为，凡人都可以从容地做到第二境界，但要想逾越它却不是那么简单。
        成功人士果敢坚忍，不屈不挠，造就了他们不同于凡人的成功。
        他们逾越的不仅仅是人生的境界，更是他们自我的极限。
        成功后回望来路的人，才会明白理解这三重境界的话：看山是山，看水是水；看山不是山，看水不是水；看山还是山，看水还是水。
    </p>
</body>
```

技能点三　背景属性

在 CSS 中，background 属性主要用于设置对象的背景，但其功能还无法满足设计师的需求，为了方便设计师更加灵活地设计网页，CSS3 在原有 background 属性的基础上新增了一些功能属性，可以在同一个对象内叠加多个背景图像，可以改变背景图像的尺寸，还可以指定背景图像的显示范围和绘制起点等。另外，CSS3 允许用户使用渐变函数绘制背景图像，这极大地降低了网页设计的难度，激发了设计师的创意灵感。

在 CSS 中 background 属性是应用较多较重要的属性，通常负责给盒子模型添加背景图片以及颜色。background 属性是一个包含多种属性的复合属性，每种属性可单独使用，如表 5-8 所示。

表 5-8　background 属性

属性	描述
background-image	设定元素要使用的背景图像
background-repeat	设定图片的显示方式
background-position	设定背景的显示位置
background-attachment	设定背景是否随页面滚动
background-origin	设定背景的原点位置
background-clip	设定背景是否裁剪
background-size	设定背景的大小

1. 设置背景图像

将图片与网站的主体风格融为一体，能够很好地突出网站的主体风格，并形成对主要内容的聚焦效果。在 CSS 中可以使用 background-image 属性来定义背景图像。语法格式如下所示。

```
background-image: none | <url>;
```

其中，默认值为 none，表示无背景图；<url> 表示使用绝对或相对地址指定背景图像。而在图像格式中，GIF 格式的图像可以设计动画、透明背景，具有图像小巧等优点；JPG 格式的图像具有更丰富的颜色，图像品质相对较好；PNG 格式的图像则综合了 GIF 和 JPG 两种格式图像的优点。

下面为网页定义背景图像，在浏览器中预览的效果如图 5-11 所示。

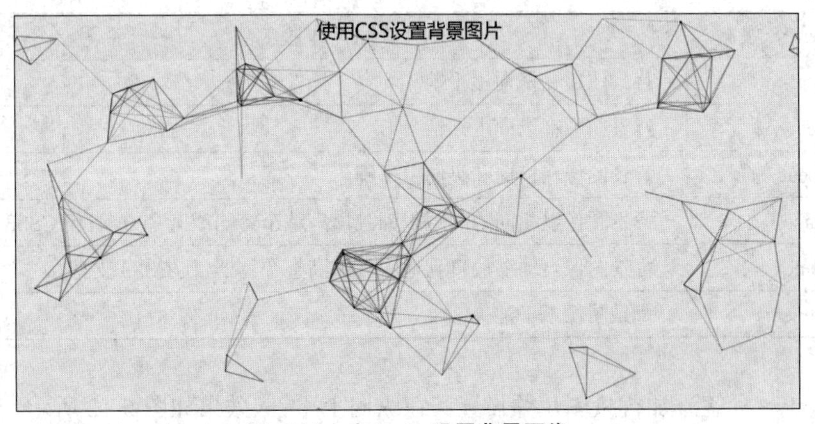

图 5-11　为 body 设置背景图像

为实现图 5-11 所示的效果，代码 CORE0510 如下所示。

代码 CORE0510：设定背景图像

```
<head>
    <style>
        body{
            background-image: url("bg-3.png");
        }
        div{
            text-align: center;
            font-size: 36px;
        }
    </style>
</head>
<body>
    <div>
        使用 CSS 设置背景图片
    </div>
</body>
```

2. 设置显示方式

CSS 使用 background-repeat 属性定义背景图像的显示方式，例如是否重复平铺图像。语法格式如下所示。

```
background-repeat: repeat-x | repeat-y | [repeat | space | round | no-repeat]{1,2};
```

background-repeat 的属性值及其说明如表 5-9 所示。

表 5-9 background-repeat 的属性值及其说明

属性值	说明
repeat-x	背景图像在横向上平铺
repeat-y	背景图像在纵向上平铺
repeat	背景图像在横向和纵向上平铺
space	背景图像以相同的间距平铺且填满整个容器或某个方向，仅 CSS3 支持
round	背景图像自动缩放直到适应且填满整个容器，仅 CSS3 支持
no-repeat	背景图像不平铺

为 <body> 标签添加背景图片并设置其在纵向上平铺，效果如图 5-12 所示。

图 5-12　背景图像纵向平铺的效果

为实现图 5-12 所示的效果，代码 CORE0511 如下所示。

代码 CORE0511：设置图像纵向平铺

```
<head>

<style type="text/css">
body
{
background-image:
url(/i/eg_bg_03.gif);
background-repeat: repeat-y;
}
</style>

</head>

<body>
</body>
```

3. 设置显示位置

在默认情况下，背景图像显示在元素的左上角，并根据不同方式执行不同显示效果。为了更好地设置背景图像的显示位置，CSS 提供了 background-position 属性来精确定位背景图像，语法格式如下所示。

```
background-position: values;
```

background-position 属性包括两个值，分别用来定位背景图像的 x 轴和 y 轴坐标。这两个值可以是具体的位置，也可以是百分比或像素值，可以简写成一个值，可能的值如表 5-10 所示。

表 5-10 background-position 可能的属性值

数值	说明
top left top center top right center left center center center right bottom left bottom center bottom right	如果仅规定了一个值，那么第二个值是“center”，默认值为 0% 0%
x% y%	第一个值是水平位置，第二个值是垂直位置，左上角是 0% 0%，右下角是 100% 100%，如果仅规定了一个值，那么另一个值将是 50%
xpos ypos	第一个值是水平位置，第二个值是垂直位置，左上角是 0 0，单位是像素（0 px 0 px）或其他 CSS 单位。如果规定了一个值，那么另一个值是 50%。可以混合使用百分比和具体的位置

为 body 标签设置背景图像并让其居中显示，效果如图 5-13 所示。

图 5-13 背景图像居中对齐的效果

为实现图 5-13 所示的效果，代码 CORE0512 如下所示。

代码 CORE0512：设置图像居中对齐

```
<head>
<style type="text/css">
body
{
   background-image:url('/i/eg_bg_03.gif');
   background-repeat:no-repeat;
   background-position:center;
}
</style>
</head>

<body>
</body>
```

4. 设置固定背景

在默认情况下，背景图像随网页内容上下滚动，这时可以使用 background-attachment 属性将背景图像固定在窗口内，语法格式如下所示。

```
background-attachment: fixed | local | scroll;
```

background-attachment 属性值及其描述如表 5-11 所示。

表 5-11　background-attachment 属性值及其描述

属性值	说明
fixed	背景图像相对于浏览器窗体固定
scroll	默认值，背景图像相对于元素固定，也就是说当元素内容滚动时背景图像不会跟着滚动，因为背景图像总是随着元素本身
local	背景图像相对于元素内容固定，也就是说当元素内容滚动时背景图像也会随着滚动，此时不管元素本身是否滚动，只有当元素显示滚动条时才会看到效果。该属性值仅 CSS3 支持

为 <body> 标签设置背景图像并使其不随着页面滚动而滚动，效果如图 5-14 和图 5-15 所示。

图 5-14 页面滚动前的效果

图 5-15 页面滚动后的效果

为实现图 5-14 和图 5-15 所示的效果，代码 CORE0513 如下所示。

代码 CORE0513：设定背景不随页面滚动

```
<head>
<style type="text/css">
body
{
background-image:url(/i/eg_bg_02.gif);
background-repeat:no-repeat;
background-attachment:fixed;
}
</style>
</head>
<body>
<p> 图像不会随页面的其余部分滚动。</p>
<p>A</p><p>B</p><p>C</p><p>D</p>
<p>E</p><p>F</p><p>G</p><p>H</p>
<p>I</p><p>J</p><p>K</p><p>L</p>
<p>M</p><p>N</p><p>O</p><p>P</p>
<p>Q</p><p>R</p><p>S</p><p>T</p>
<p>W</p><p>X</p><p>Y</p><p>Z</p>
</body>
</html>
```

5. 设置原点定位

background-origin 属性用于定义 background-position 属性的定位原点，在默认情况下，background-position 属性总是以元素左上角为坐标原点定位背景图像，使用 background-origin 属性可以改变这种定位方式，语法格式如下所示。

```
background-origin: border-box | padding-box | content-box;
```

background-origin 属性值及其说明如表 5-12 所示。

表 5-12　background-origin 属性值及其说明

属性值	说明
border-box	从边框区域开始显示背景
padding-box	从补白区域开始显示背景，为默认值
content-box	仅在内容区域显示背景

为诗句框添加背景图像，使第一个诗句框在边框位置开始显示背景图像，第二个诗句框

在文字内容的位置开始显示背景图像，效果如图 5-16 所示。

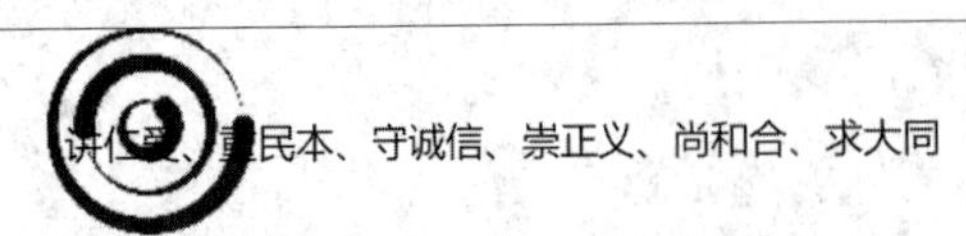
background-origin:border-box:
讲仁爱、重民本、守诚信、崇正义、尚和合、求大同

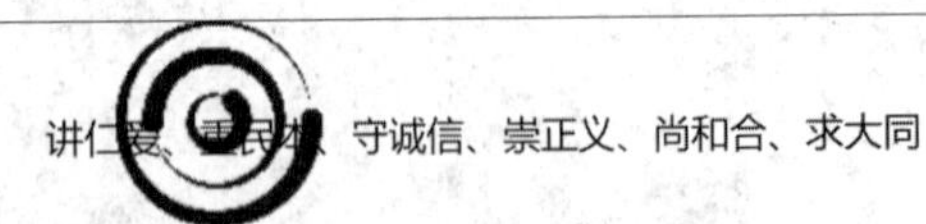
background-origin:content-box:
讲仁爱、重民本、守诚信、崇正义、尚和合、求大同

图 5-16　修改背景图像原点

为实现图 5-16 所示的效果，代码 CORE0514 如下所示。

代码 CORE0514：修改背景图像原点

```
<head>
<style>
div
{
border:1px solid black;
padding:35px;
background-image:url('/ibg-1.gif');
background-repeat:no-repeat;
background-position:left;
}
#div1
{
background-origin:border-box;
}
#div2
{
background-origin:content-box;
}
</style>
</head>
<body>
<p>background-origin:border-box:</p>
```

```
<div id="div1">
讲仁爱、重民本、守诚信、崇正义、尚和合、求大同
</div>
<p>background-origin:content-box:</p>
<div id="div2">
讲仁爱、重民本、守诚信、崇正义、尚和合、求大同
</div>
</body>
```

课程思政：世界大同，和合共生

“求大同”是中国人自古以来的梦想。习近平总书记在2017年新年贺词中提到：“中国人历来主张‘世界大同，天下一家’。中国人民不仅希望自己过得好，也希望各国人民过得好。”

6. 设置裁剪区域

background-clip 属性用于定义背景图像的裁剪区域，如果 background-image 属性定义了多重背景，则 background-clip 属性可以设置多个值，并用逗号分隔，语法格式如下所示。

```
background-clip:border-box | padding-box | content-box | text;
```

background-clip 属性值及其说明如表 5-13 所示。

表 5-13　background-clip 属性值及其说明

属性值	说明
border-box	从边框区域向外裁剪背景，为默认值。如果取值为 border-box，则 background-image 属性包括边框区域
padding-box	从补白区域向外裁剪背景，如果取值为 padding-box，则 background-image 属性忽略补白边缘，此时边框区域显示为透明
content-box	从内容区域向外裁剪背景，如果取值为 content-box，则 background-image 属性只包含内容区域
text	从前景内容（如文字）区域向外裁剪背景

在 HTML 文档中添加一个宽、高为 300 px，内边距为 50 px 的 <div> 标签，设定背景图像后使其从内容区域向外裁剪背景，效果如图 5-17 所示。

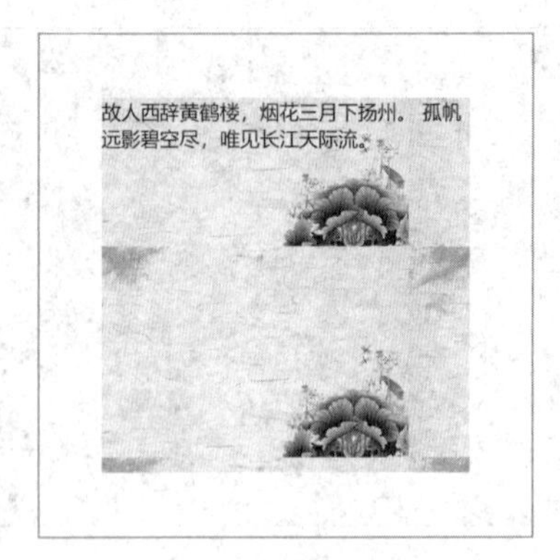

图 5-17 修改图像裁剪区域

为实现图 5-17 所示的效果，代码 CORE0515 如下所示。

代码 CORE0515：设定裁剪区域

```
<head>
<style>
div
{
width:300px;
height:300px;
padding:50px;
background-image: url("../../word.png.png");
background-clip:content-box;
border:2px solid #92b901;
}
</style>
</head>
<body>
<div>
故人西辞黄鹤楼，烟花三月下扬州。
孤帆远影碧空尽，唯见长江天际流。
</div>
</body>
```

7. 设置背景图像大小

background-size 属性用于定义背景图像的显示大小，其初始值为 auto。background-size 属性可以设置一个或两个值，一个为必填，一个为选填。语法格式如下所示。

```
background-size: [<length> | <percentage>];
```

background-size 属性值及其说明如表 5-14 所示。

表 5-14　background-size 属性值及其说明

属性值	说明
<length>	以具体的数值定义图像的大小。两个值之间以空格隔开，其中第一个值用于指定背景图像的宽，第二个值用于指定背景图像的高，如果只有一个值，则第二个值默认为 auto
<percentage>	以相对于图像原本大小的百分比形式设置图像大小，取值范围为 0~100%，不可为负值

为 <body> 标签添加背景图像并设置其宽、高为 63 px、100 px，再在 <p> 标签中添加原始图像，将两者进行对比，效果如图 5-18 所示。

图 5-18　修改图像大小

为实现图 5-18 所示的效果，代码 CORE0516 如下所示。

代码 CORE0516：设定背景图像大小

```
<head>
<style>
body
{
background:url(/i/bg_flower.gif);
background-size:63px 100px;
background-repeat:no-repeat;
padding-top:80px;
}
</style>
</head>
<body>
```

```
<p> 缩小的背景图片 </p>
<p> 原始图片 <img src="/i/bg_flower.gif" alt="Flowers"></p>
</body>
```

技能点四　列表属性

在网页中添加列表后，需要通过 list-style 属性设置列表的属性来修饰界面，设置后的列表属性，可以实现更加高阶的使用方法，例如导航栏的设计甚至整个页面的布局。list-style 属性也是一个复合属性，包含如表 5-15 所示的几种属性值类型，每种属性值都可单独使用。

表 5-15　list-style 可能的值

属性值类型	说明
list-style-type	设置列表样式
list-style-position	设置列表样式的位置
list-style-image	以图片的形式设置列表样式

1. 设置列表样式

CSS 的 list-style-type 属性可以定义列表项目符号的类型，也可以将 list-style-type 属性的值设为 none，取消项目符号，该属性取值及其说明如表 5-16 所示。

表 5-16　list-style-type 的取值及其说明

属性值	说明	属性值	说明
disc	实心圆，默认值	upper-roman	大写罗马数字
circle	空心圆	lower-alpha	小写英文字母
square	实心方块	upper-alpha	大写英文字母
decimal	阿拉伯数字	none	不使用项目符号
lower-roman	小写罗马数字	armenian	传统的亚美尼亚数字
cjk-ideographic	浅白的表意数字	georgian	传统的乔治数字
lower-greek	基本的希腊小写字母	hebrew	传统的希伯来数字
hiragana	日文平假名字符	hiragana-iroha	日文平假名序号
katakana	日文片假名字符	katakana-iroha	日文片假名序号
lower-latin	小写拉丁字母	upper-latin	大写拉丁字母

定义项目符号类型为空心圆，在浏览器中预览的效果如图 5-16 所示。

○ 关于我们
○ 版权信息
○ 友情链接

图 5-19　空心圆类型的列表样式

为实现图 5-19 所示的效果，代码 CORE0517 如下所示。

代码 CORE0517：修改列表样式为空心圆

```
<head>
    <style>
        body{
            /* 清除页边距 */
            margin: 0;
            padding: 0;
        }
        ul{
            list-style-type: circle;
            /* 空心圆符号 */
        }
    </style>
</head>
<body>
    <ul>
        <li><a href="#"> 关于我们 </a></li>
        <li><a href="#"> 版权信息 </a></li>
        <li><a href="#"> 友情链接 </a></li>
    </ul>
</body>
```

2. 设置列表样式位置

使用 CSS 的 list-style-position 属性可以定义项目符号的显示位置。该属性取值包括 outside 和 inside。其中 outside 表示把项目符号显示在列表项的文本行以外，列表符号默认显示为 outside；inside 表示把项目符号显示在列表项的文本行以内。

在定义列表项目符号样式时，应注意以下两点。

（1）不同浏览器对于项目符号的解析效果及其显示位置略有不同。如果要兼容不同浏览器，则应在设置时关注这些差异。

（2）项目符号显示在文本行以内和文本行以外会影响项目符号与列表文本之间的距

离，同时影响列表项的缩进效果。不同浏览器在解析时会存在差异。

定义项目符号类型为空心圆，并分别位于列表项的文本行以外与文本行以内，在浏览器中预览的效果如图 5-20 所示。

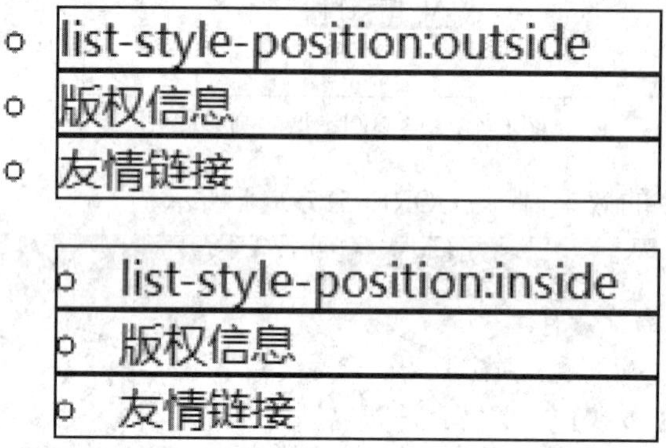

图 5-20 修改项目符号位置

为实现图 5-20 所示的效果，代码 CORE0518 如下所示。

代码 CORE0518：调整列表项目符号位置

```
<head>
    <style>
        ul{
            list-style-type: circle;
            /* 空心圆符号 */
            width: 220px;
        }
        li{
            border: 1px solid #000;
        }
        .ul1{
            list-style-position: outside;
        }
        .ul2{
            list-style-position: inside;
        }
    </style>
</head>
<body>
    <ul class="ul1">
```

```
            <li>list-style-position:outside</li>
            <li> 版权信息 </li>
            <li> 友情链接 </li>
        </ul>
        <ul class="ul2">
            <li>list-style-position:inside</li>
            <li> 版权信息 </li>
            <li> 友情链接 </li>
        </ul>
    </body>
```

3. 定义项目符号图像

使用 CSS 的 list-style-image 属性可以自定义项目符号。该属性允许指定一个外部图标文件，以满足设计者的个性化设计需求，默认值为 none，当同时定义项目符号类型和自定义项目符号时，自定义项目符号将覆盖默认的项目符号类型。但是如果 list-style-type 属性值为 none 或指定的外部图标文件不存在，则 list-style-type 属性值有效。语法格式如下所示。

```
list-style-image: none | <url>
```

重新设计内部样式表，增加自定义项目符号，并设计项目符号为外部图标 bullet_main.png，在浏览器中预览的效果如图 5-21 所示。

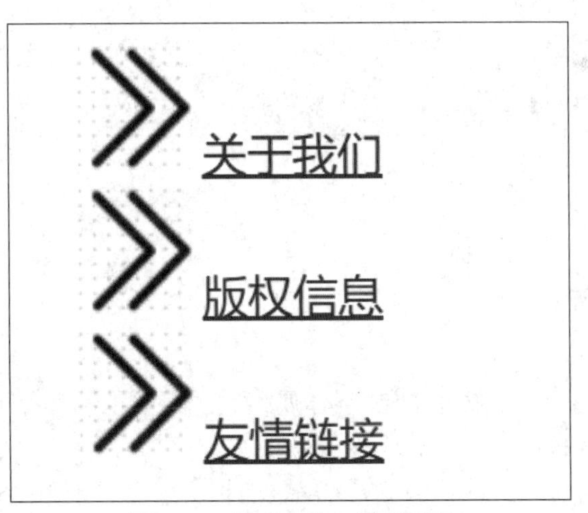

图 5-21　设定自定义样式列表

为实现图 5-21 所示的效果，代码 CORE0519 如下所示。

代码 CORE0519：以图片的形式自定义项目符号

```
<head>
    <style>
        body{
```

```
            /* 清除页边距 */
            margin: 0;
            padding: 0;
        }
        ul{
            /* 列表基本样式 */
            list-style-type: circle;
            /* 空心圆符号 */
            list-style-position: inside;
            /* 显示在内部 */
            list-style-image: url("bullet_main.png");
            /* 自定义列表符号 */
        }
    </style>
</head>
<body>
    <ul>
        <li><a href="#"> 关于我们 </a></li>
        <li><a href="#"> 版权信息 </a></li>
        <li><a href="#"> 友情链接 </a></li>
    </ul>
</body>
```

通过对本任务的学习，了解了 CSS 字体属性、文本属性、背景属性和列表属性，通过以下几个步骤，使用 CSS 核心属性美化一个视频课程首页。

第一步：创建名为“index.css”的 CSS 样式文件，并在该文件中添加初始化样式配置以及通用样式配置，代码 CORE0520 如下所示。

代码 CORE0520：创建 CSS 样式文件

```
* {
    margin: 0;
    padding: 0;
    /* 内减模式 */
    box-sizing: border-box;
```

```
}
li {
    list-style: none;
}
a {
    text-decoration: none;
}
/* 清除浮动样式 */
.clearfix:before,.clearfix:after {
    content:"";
    display:table;
}
.clearfix:after {
    clear:both;
}
/* 添加底色 */
body {
    background-color: #f3f5f7;
}
/* 设置版心 */
.wrapper {
    width: 1200px;
    margin: 0 auto;
}
```

第二步：编写网页的头部 HTML 代码，包含使用 <nav> 和 <ul> 标签编写的导航栏和使用表单标签编写的搜索框和用户区三个部分，代码 CORE0521 如下所示。

代码 CORE0521：编写页面头部区域

```
<div class="header wrapper">
    <!-- 导航 -->
    <div class="nav">
        <ul>
            <li><a href="#"> 首页 </a></li>
            <li><a href="#"> 课程 </a></li>
            <li><a href="#"> 职业规划 </a></li>
        </ul>
    </div>
    <!-- 搜索 -->
```

```
        <div class="search">
            <input type="text" placeholder=" 输入关键词 "><button></button>
        </div>
        <!-- 用户 -->
        <div class="user">
            <img src="./images/user.png" alt="">
            <span> 用户名 </span>
        </div>
</div>
```

在浏览器中预览的效果如图 5-22 所示。

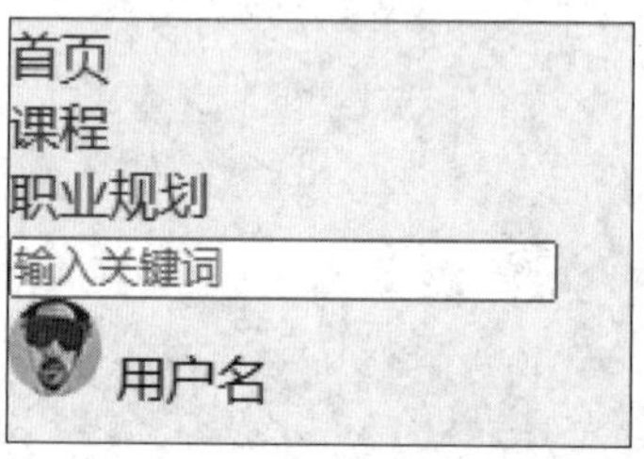

图 5-22 头部基础结构

在名为“index.css”的 CSS 样式文件中设置顶部导航栏的样式，设置头部区域的高度为 42 px，左浮动，菜单项的 <a> 标签设定为块级元素并调整大小与文字样式，代码 CORE0522 如下所示。

代码 CORE0522：编写头部样式

```
/* 头部 */
.header {
    height: 42px;
    margin: 30px auto;
}
h1 {
    float: left;
}
/* 导航 */
.nav {
    float: left;
    margin-left: 70px;
    height: 42px;
}
```

```
.nav li {
    float: left;
    margin-right: 26px;
}
/* 导航栏菜单选项样式 */
.nav li a {
    display: block;
    padding: 0 9px;
    height: 42px;
    line-height: 42px;
    font-size: 18px;
    color: #050505;
}
/* 鼠标悬停时修改颜色 */
.nav li a:hover {
    border-bottom: 2px solid #00a4ff;
}
```

在浏览器中预览的效果如图 5-23 所示。

图 5-23　修改导航项样式

继续添加搜索框与用户区域的样式，设置搜索区域的宽度为 412 px、高度为 40 px，左浮动，并为其设置获得焦点时边框颜色变为 #bfbfbf，再添加一个搜索按钮。为用户区域设置右浮动，行高为 42 px。代码 CORE0523 如下所示。

代码 CORE0523：搜索框与用户区域样式

```
/* 搜索 */
.search {
    float: left;
    margin-left: 59px;
    width: 412px;
    height: 40px;
    border: 1px solid #00a4ff;
}
```

```
/* 搜索表单样式 */
.search input {
    float: left;
    padding-left: 20px;
    /* 左右加一起的尺寸要小于等于 410 */
    width: 360px;
    height: 38px;
    border: 0;
}
/* 控制 placeholder 的样式 */
.search input::placeholder {
    font-size: 14px;
    color: #bfbfbf;
}
/* 为搜索按钮添加样式 */
.search button {
    float: left;
    width: 50px;
    height: 40px;
    background-image: url(../images/btn.png);
    border: 0;
}
/* 修改用户区域基本样式 */
.user {
    float: right;
    margin-right: 35px;
    height: 42px;
    line-height: 42px;
}
.user img {
    /* 调节图片垂直对齐方式 , middle: 居中 */
    vertical-align: middle;
}
```

在浏览器中预览的效果如图 5-24 所示。

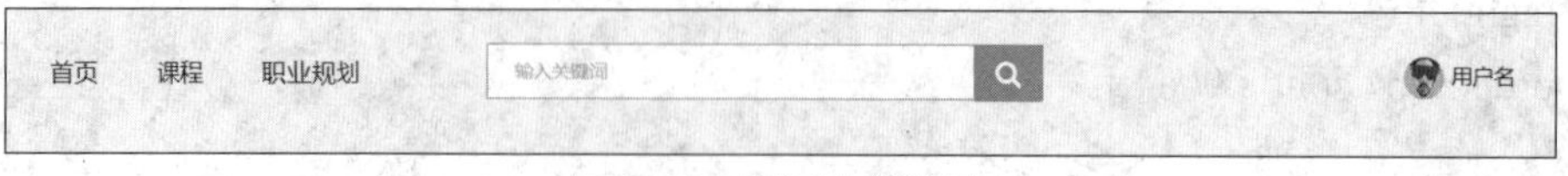

图 5-24　页面头部效果

第三步：编写页面 banner 区域代码。页面分为三个区域，分别为图片背景、侧边栏菜单与课程表导航，代码 CORE0524 如下所示。

代码 CORE0524：banner 区域的 HTML 代码

```
<!-- banner -->
<div class="banner">
    <div class="wrapper">
        <div class="left">
            <ul>
                <li><a href="#">WEB 前端 <span>></span></a></li>
                <li><a href="#">Java 后端 <span>></span></a></li>
                <li><a href="#"> 数据库维护 <span>></span></a></li>
                <li><a href="#"> 移动端开发 <span>></span></a></li>
                <li><a href="#"> 网络安全 <span>></span></a></li>
                <li><a href="#"> 软件测试 <span>></span></a></li>
                <li><a href="#"> 全栈开发 <span>></span></a></li>
                <li><a href="#"> 物联网开发 <span>></span></a></li>
                <li><a href="#"> 人工智能 <span>></span></a></li>
            </ul>
        </div>
        <div class="right">
            <h2> 我的课程表 </h2>
            <div class="content">
                <dl>
                    <dt> 继续学习 程序语言设计 </dt>
                    <dd> 正在学习 - 使用对象 </dd>
                </dl>
                <dl>
                    <dt> 继续学习 数据库部署 </dt>
                    <dd> 正在学习 - 环境搭建 </dd>
                </dl>
                <dl>
                    <dt> 继续学习 人工智能训练 </dt>
                    <dd> 正在学习 - 深度学习 </dd>
                </dl>
            </div>
            <a href="#" class="more"> 全部课程 </a>
        </div>
```

```
    </div>
</div>
```

在浏览器中预览的效果如图 5-25 所示。

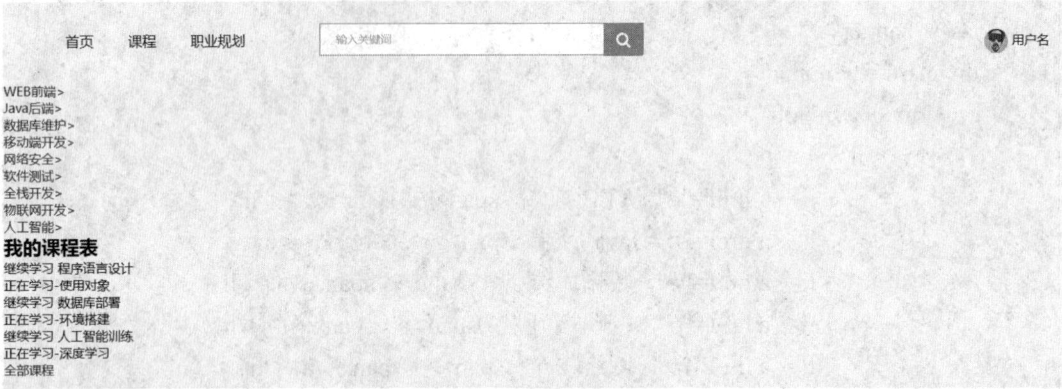

图 5-25　banner 区域基础结构

HTML 结构编写完成后，为其添加样式，设置最外层的 banner 区域高度为 420 px，背景色为 #1c036c，并为壁纸区域设置背景图片。调整侧边栏的宽和高并设置为左浮动，课程表导航设置为右浮动。代码 CORE0525 如下所示。

代码 CORE0525：为 banner 添加样式

```
/* banner 区域样式 */
.banner {
    height: 420px;
    background-color: #1c036c;
}
/* 规定图像大小 */
.banner .wrapper {
    height: 420px;
    background-image: url(../images/banner2.png);
}
.banner .left {
    float: left;
    padding: 0 20px;
    width: 190px;
    height: 420px;
    background-color: rgba(0,0,0, 0.3);
    /* 行高属于控制文字的属性 , 能继承 */
    line-height: 44px;
}
```

```
.banner .left span {
    float: right;
}
.banner .left a {
    font-size: 14px;
    color: #fff;
}
.banner .left a:hover {
    color: #00b4ff;
}
.banner .right {
    float: right;
    margin-top: 50px;
    width: 228px;
    height: 300px;
    background-color: #fff;
}
.banner .right h2 {
    height: 48px;
    background-color: #9bceea;
    text-align: center;
    line-height: 48px;
    font-size: 18px;
    color: #fff;
}
.banner .right .content {
    padding: 0 18px;
}
.banner .right .content dl {
    padding: 12px 0;
    border-bottom:2px solid #e5e5e5;
}
.banner .right .content dt {
    font-size: 16px;
    color: #4e4e4e;
}
```

```
.banner .right .content dd {
    font-size: 14px;
    color: #4e4e4e;
}
.banner .right .more {
    display: block;
    /* margin: 4px 14px 0; */
    margin: 4px auto 0;
    width: 200px;
    height: 40px;
    border: 1px solid #00a4ff;
    font-size: 16px;
    color: #00a4ff;
    font-weight: 700;
    text-align: center;
    line-height: 40px;
}
```

在浏览器中预览的效果如图 5-26 所示。

图 5-26 页面 banner 菜单主体

第四步：编写精品推荐部分。精品推荐中的内容主要为最热门的教学视频，分为两个部分：精品推荐导航栏与精品推荐视频预览效果，代码 CORE0526 如下所示。

代码 CORE0526：精品推荐

```
<!-- 精品推荐课程 -->
<div class="box wrapper">
    <div class="title">
```

```
        <h2> 精品推荐 </h2>
        <a href="#"> 查看全部 </a>
    </div>
    <div class="content clearfix">
        <ul>
            <li>
                <a href="#">
                    <img src="./images/HTML.png" alt="">
                    <h3>Html5 页面布局 </h3>
                    <p><span> 初级 </span> • 125 人在学习 </p>
                </a>
            </li>
            <li>
                <a href="#">
                    <img src="./images/JS.png" alt="">
                    <h3>Javascript 面向对象 </h3>
                    <p><span> 初级 </span> • 525 人在学习 </p>
                </a>
            </li>
            <li>
                <a href="#">
                    <img src="./images/css.png" alt="">
                    <h3>CSS 页面美化 </h3>
                    <p><span> 初级 </span> • 751 人在学习 </p>
                </a>
            </li>
            <li>
                <a href="#">
                    <img src="./images/JAVA.png" alt="">
                    <h3>JAVA 后台部署 </h3>
                    <p><span> 高级 </span> • 984 人在学习 </p>
                </a>
    line-height: 40px;
}
```

```
        </li>
      </ul>
    </div>
</div>
```

在浏览器中预览的效果如图 5-27 所示。

图 5-27　精品推荐内容基础结构

设置精品推荐导航区域的行高为 60 px，导航栏选项用 <li> 标签填充并将每一个 <li> 标签修改为左浮动，代码 CORE0527 如下所示。

代码 CORE0527：精品推荐导航栏

```
/* 精品推荐导航栏 */
.goods {
    margin-top: 8px;
    padding-left: 34px;
    padding-right: 26px;
    height: 60px;
    background-color: #fff;
    box-shadow: 0px 2px 3px 0px rgba(118, 118, 118, 0.2);
    line-height: 60px;
}
.goods h2 {
    float: left;
    font-size: 16px;
    color: #00a4ff;
```

```
    font-weight: 400;
}
.goods ul {
    float: left;
    margin-left: 30px;
}
.goods ul li {
    float: left;
}
.goods li a {
    border-left: 1px solid #bfbfbf;
    padding: 0 30px;
    font-size: 16px;
    color: #050505;
}
.goods .xingqu {
    float: right;
    font-size: 14px;
    color: #00a4ff;
}
```

继续为精品推荐内容部分添加样式,代码 CORE0528 如下所示。

代码 CORE0528:精品推荐内容

```
/* 精品课程 */
.box {
    margin-top: 35px;
}
.box .title {
    height: 40px;
}
.box .title h2 {
    float: left;
    font-size: 20px;
    color: #494949;
    font-weight: 400 003B
}
.box .title a {
```

```
    float: right;
    margin-right: 30px;
    font-size: 12px;
    color: #a5a5a5;
}
.box .content li {
    float: left;
    margin-right: 15px;
    margin-bottom: 15px;
    width: 228px;
    height: 270px;
    background-color: #fff;
}
.box .content li:nth-child(5n) {
    margin-right: 0;
}
.box .content li h3 {
    padding: 20px;
    font-size: 14px;
    color: #050505;
    font-weight: 400;
}
.box .content li p {
    padding: 0 20px;
    font-size: 12px;
    color: #999;
}
.box .content li span {
    color: #ff7c2d;
}
```

在浏览器中预览的效果如图 5-28 所示。

图 5-28　精品推荐内容效果

第五步：编写底部区域，底部区域分为左、右两个部分，分别使用左浮动与右浮动布局，左侧部分包含一个超链接，右侧部分使用 <dl> 标签布置菜单，代码 CORE0529 如下所示。

代码 CORE0529：底部结构

```
<div class="footer">
        <div class="wrapper">
            <div class="left">
                <a href="#"> 下载 APP</a>
            </div>
            <div class="right">
                <dl>
                    <dt> 合作伙伴 </dt>
                    <dd><a href="#"> 合作机构 </a></dd>
                    <dd><a href="#"> 合作导师 </a></dd>
                </dl>
                <dl>
                    <dt> 关于我们 </dt>
                    <dd><a href="#"> 联系我们 </a></dd>
                    <dd><a href="#"> 加入我们 </a></dd>
                </dl>
                <dl>
                    <dt> 帮助中心 </dt>
```

```
                <dd><a href="#"> 隐私协议 </a></dd>
                <dd><a href="#"> 友情链接 </a></dd>
            </dl>
        </div>
    </div>
</div>
```

底部分区的布局同样分为左、右两个部分，将左侧部分设置为左浮动，其中 <p> 标签的字体大小设置为 12 px；将右侧部分设置为右浮动，其中 <dl> 标签左外间距设置为 120 px。代码 CORE0530 如下所示。

代码 CORE0530：底部样式

```
/* 底部 */
.footer {
    margin-top: 40px;
    padding-top: 30px;
    height: 417px;
    background-color: #fff;
}
.footer .left {
    float: left;
}
.footer .left   p {
    margin: 20px 0 10px;
    font-size: 12px;
    color: #666;
}
.footer .left a {
    display: inline-block;
    width: 120px;
    height: 36px;
    border: 1px solid #00a4ff;
    text-align: center;
    line-height: 36px;
    font-size: 16px;
    color: #00a4ff;
}
.footer .right {
    float: right;
```

```
}
.footer .right dl {
    float: left;
    margin-left: 120px;
}
```

在浏览器中预览的效果如图 5-29 所示。

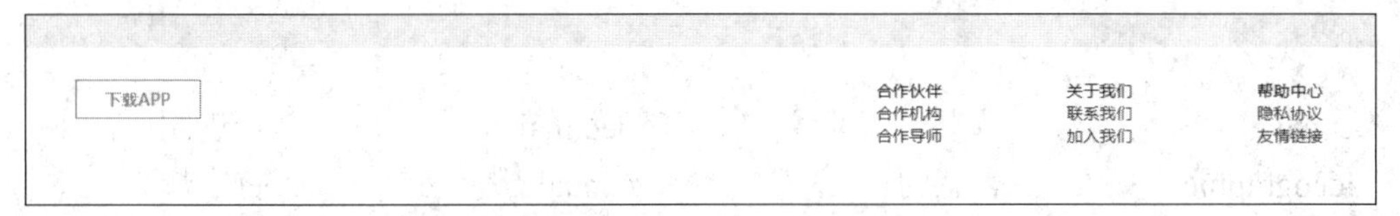

图 5-29 页面底部分区效果

最后完成的整个页面的效果如图 5-30 所示。

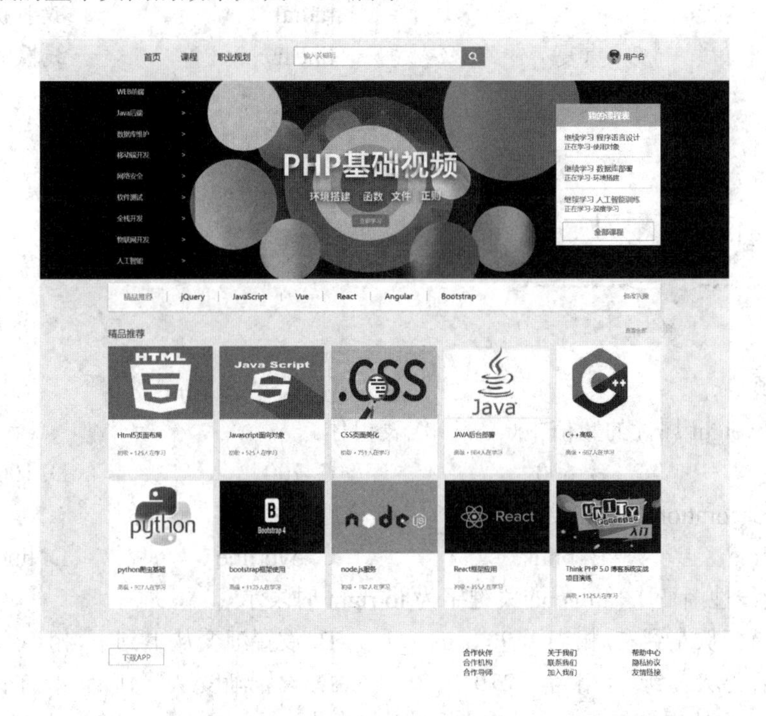

图 5-30 视频课程页面整体效果

通过使用 CSS 核心属性美化一个视频课程首页，掌握了 CSS 核心属性的语法与使用场

景，熟悉了 CSS 渐变背景的设计。通过任务的实现，对 CSS 属性的使用与 CSS 核心属性样式有了更深的认识，对 CSS 常用字体样式的使用有所了解并掌握，能够独立完成大部分网站的美化工作。

cursive	草书	decimal	十进制
ideographic	表意的	capitalize	首字母大写
indent	缩进	justify	两端对齐
attachment	依附	gradient	倾斜度
clip	夹子	radial	放射状的
repeat	重复	linear	线性的
baseline	底线		

1. 选择题

（1）font-weight 属性的数值中（　　）代表粗体。

A. 400　　B. 600　　C. 700　　D. 1000

（2）text-decoration 属性的数值中（　　）代表删除线。

A. underline　　B. blink　　C. overline　　D. line-through

（3）定义线性渐变中，angle 的关键字为 to right 时表示（　　）。

A. 设置渐变从左到右，相当于 90 deg　　B. 设置渐变从上到下，相当于 180 deg

C. 设置渐变从右到左，相当于 270 deg　　D. 设置渐变从下到上，相当于 0 deg

（4）font-size 的属性值中（　　）相当于正常大小。

A. x-small　　B. small　　C. large　　D. medium

（5）使用（　　）可以定义径向渐变。

A. radial-gradient()　　B. repeating-radial-gradient()

C. linear-gradient()　　D. repeating-linear-gradient()

2. 简答题

（1）如何在 HTML 中添加一个实心方块类型的列表。

（2）如何利用行高实现垂直居中？

3. 实操题

通过所需知识，进行某招聘网站首页页面的制作。

项目六 CSS 盒子模型

通过对视频播放页面设计的探索和练习，了解盒子模型的布局，熟悉盒子模型中常用的属性，掌握边距、边框、定位等属性的使用及页面元素的设置方法，具有使用盒子模型进行页面布局的能力，在任务实施过程中：

- 了解盒子模型的布局理念；
- 熟悉定位等属性；
- 掌握浮动、边距以及边框的设置；
- 具有实现视频播放页面的能力。

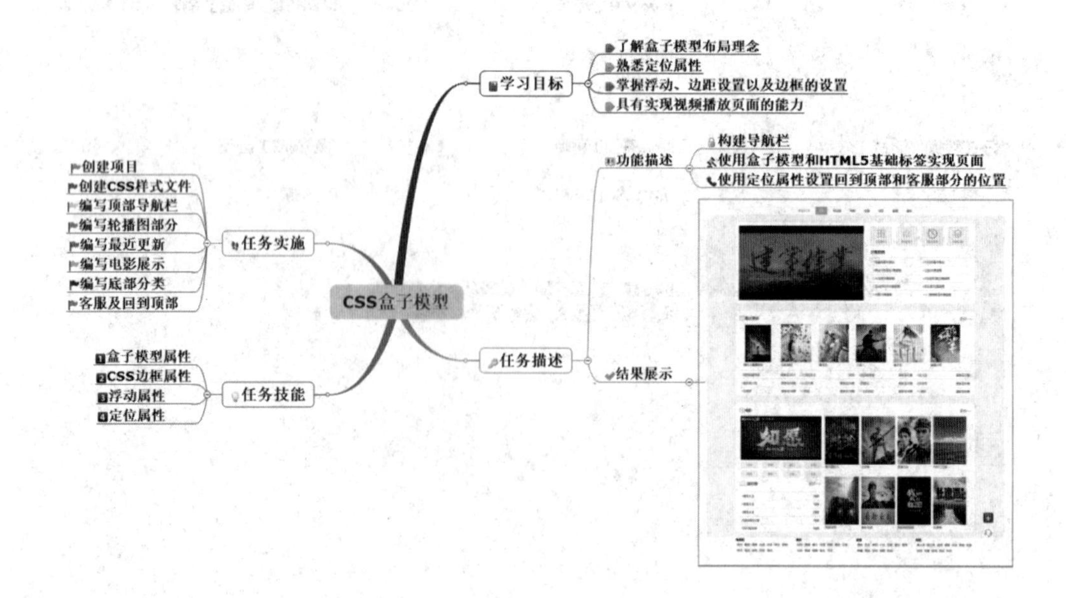

【情境导入】

随着社会的发展和科技的进步，人们的生活压力越来越大，生活节奏越来越快，时间变得尤为重要。许多人都会选择在闲暇之余看一部自己喜欢的电影、电视剧或综艺节目等放松一下心情，但大部分节目都会选择直播的方式播放，而用户因受时间限制等往往并不能准时观看。为了解决这一问题，可以建立一个视频播放平台，将优秀的节目放到平台上，供用户随时随地观看。本项目通过对 HTML5 盒子模型知识的学习，最终实现视频播放页面的制作。

【任务描述】

- 构建导航栏。
- 使用盒子模型和 HTML5 基础标签实现页面的制作。
- 使用定位属性设置回到顶部和客服部分的位置。

【效果展示】

通过对本项目的学习，能够掌握 CSS 盒子模型的浮动与定位等相关知识，实现视频播放页面的制作，效果如图 6-1 所示。

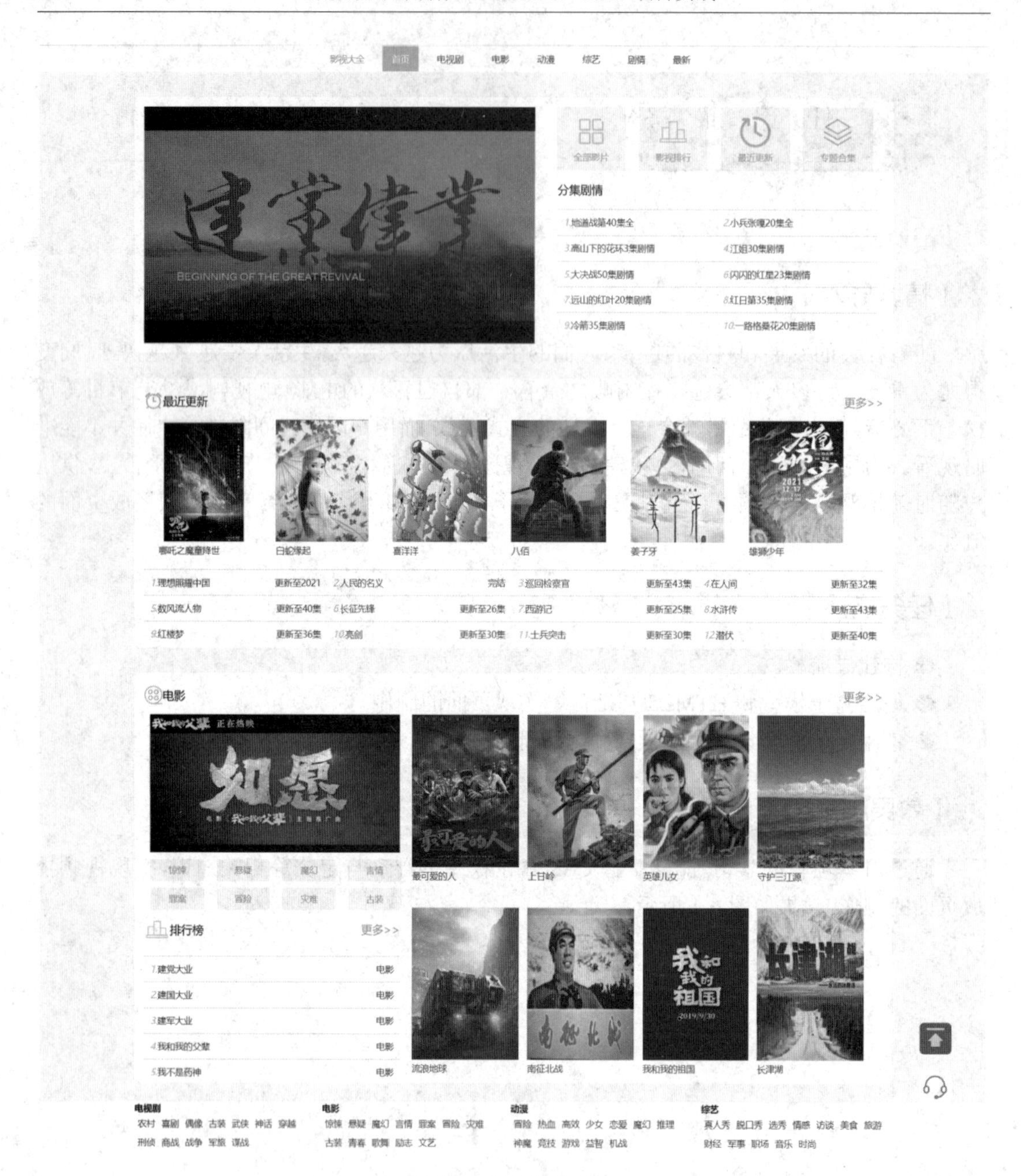
影视大全
首页
电视剧
电影
动漫
综艺
剧情
最新
全部影片
影视排行
最近更新
专题合集
分集剧情
1.地道战第40集全
2.小兵张嘎20集全
3.高山下的花环3集剧情
4.江姐30集剧情
5.大决战50集剧情
6.闪闪的红星23集剧情
7.远山的红叶20集剧情
8.红日第35集剧情
9.冷箭35集剧情
10.一路格桑花20集剧情
最近更新
更多>>
哪吒之魔童降世
白蛇缘起
喜洋洋
八佰
姜子牙
雄狮少年
1.理想照耀中国 更新至2021
2.人民的名义 完结
3.巡回检察官 更新至43集
4.在人间 更新至32集
5.数风流人物 更新至40集
6.长征先锋 更新至26集
7.西游记 更新至25集
8.水浒传 更新至43集
9.红楼梦 更新至36集
10.亮剑 更新至30集
11.士兵突击 更新至30集
12.潜伏 更新至40集
电影
更多>>
我和我的父辈 正在热映
如愿
惊悚
悬疑
魔幻
言情
罪案
冒险
灾难
古装
最可爱的人
上甘岭
英雄儿女
守护三江源
排行榜
更多>>
1.建党大业 电影
2.建国大业 电影
3.建军大业 电影
4.我和我的父辈 电影
5.我不是药神 电影
流浪地球
南征北战
我和我的祖国
长津湖
电视剧
农村 喜剧 偶像 古装 武侠 神话 穿越
刑侦 商战 战争 军旅 谍战
电影
惊悚 悬疑 魔幻 言情 罪案 冒险 灾难
古装 青春 歌舞 励志 文艺
动漫
冒险 热血 搞笑 少女 恋爱 魔幻 推理
神魔 竞技 游戏 益智 机战
综艺
真人秀 脱口秀 选秀 情感 访谈 美食 旅游
财经 军事 职场 音乐 时尚

图 6-1 视频播放页面

技能点一　盒子模型属性

1. 盒子模型概述

盒子模型（box model），就是将 HTML 页面中的元素看作一个矩形的盒子，是在网页设计中经常用的一种思维模型。盒子模型具备四个属性，分别是 margin（外边距）、border（边框）、padding（内边距）、content（内容），四者之间的相互关系如图 6-2 所示。

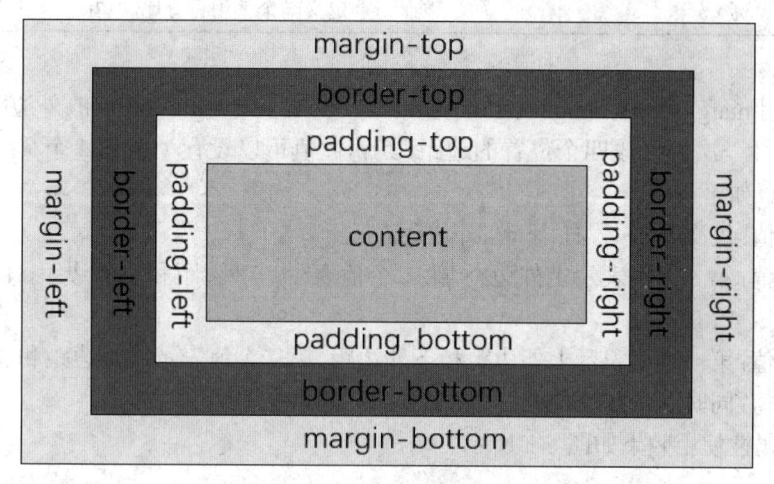

图 6-2　盒子模型结构图

课程思政：精益求精，工匠精神

在用 CSS 盒子模型进行边距计算时，如果相差 1 px，布局就会发生很大变化。所以，在平时做布局时，要做到细致、细心、一丝不苟、精益求精，这正是工匠精神的具体体现。

2. margin 属性

margin 属性是用于设置元素边框与相邻元素之间的距离的属性，margin 属性及其说明如表 6-1 所示。

表 6-1　margin 属性及其说明

属性	说明
margin-top	上外边距
margin-right	右外边距
margin-bottom	下外边距
margin-left	左外边距

设置外边距时可选值有 3 个，如表 6-2 所示。

表 6-2　边距可选值

值	说明
auto	自动分配
length	固定外边距的值（单位为 px、pt、em）
%	定义一个使用百分比的边距

除了使用 margin-top、margin-right、margin-bottom 和 margin-left 修改外边距外，还可使用 margin 属性一次性修改四个位置的边距，其属性值可以设置 1 个到 4 个（多个值之间使用空格分割），如下所示。

● 四个值：依次表示上、右、下、左外边距。

● 三个值：第一个值表示上外边距，第二个值表示右外边距和左外边距，第三个值表示下外边距。

● 两个值：第一个值表示上外边距和下外边距，第二个值表示右外边距和左外边距。

● 一个值：同时表示四个边距。

margin 属性使用效果如图 6-3 所示。

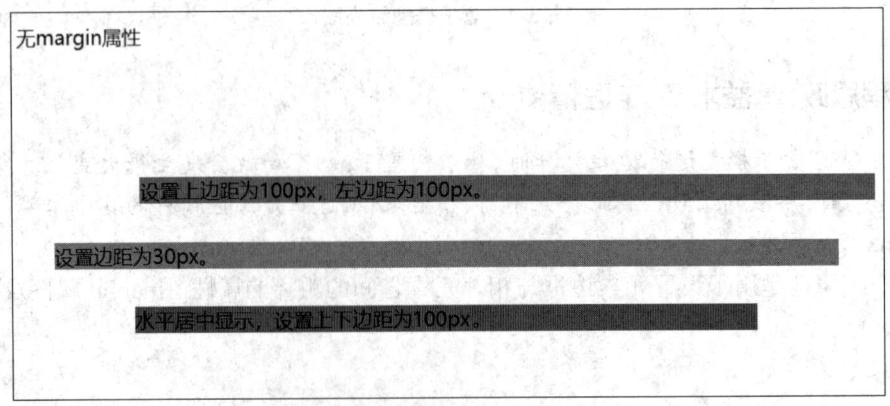

图 6-3　margin 属性使用效果

为了实现图 6-3 所示的效果，代码 CORE0601 如下所示。

代码 CORE0601：margin 属性的应用

```
<!DOCTYPE html>
<html lang="en">
<head>
    <meta charset="UTF-8">
    <title>Title</title>
    <style>
        .p1{
            margin-left:100px;
            margin-top:100px;
        background-color: red}
        .p2{
            margin:30px;/* 外边距为 30px*/
            background-color: cornflowerblue}
        .p3{
            margin: 0 auto;
            width: 500px;
            background-color: green;
        }
    </style>
</head>
<body>
    <p> 无 margin 属性 </p>
    <p class="p1"> 设置上边距为 100px，左边距为 100px。</p>
    <p class="p2"> 设置边距为 30px。</p>
    <p class="p3"> 水平居中显示，设置上下边距为 100px。</p>
</body>
</html>
```

3. border 属性

border 属性用于为 HTML 元素设置边框，border 的属性值有三种，分别是边框宽度、边框样式、边框颜色。目前，边框的设置有两种方式，一种是同时定义多个边框属性，如表 6-3 所示；另一种是单独定义单个边框属性，如表 6-4 所示。

表 6-3　同时定义多个边框的属性

属性	描述	值
border-width	边框宽度	指定长度值，单位为 px、pt、cm、em 等

续表

属性	描述	值
border-style	边框样式	none：默认无边框 dotted：点线边框 dashed：虚线边框 solid：实线边框 double：两个边框，两个边框的宽度和 border-width 的值相同 groove：3D 沟槽边框。效果取决于边框的颜色值 ridge：3D 脊边框。效果取决于边框的颜色值 inset：3D 嵌入边框。效果取决于边框的颜色值 outset：3D 突出边框。 效果取决于边框的颜色值
border-color	边框颜色	name：指定颜色的名称，如“red” RGB：指定 RGB 值，如“rgb(255,0,0)” hex：指定十六进制值，如“#ff0000”
border	定义边框	[边框样式] [边框宽度] [边框颜色]

表 6-4 定义单个边框的属性

类型	属性	说明
边框宽度	border-top-width	设置元素的上边框的宽度
	border-right-width	设置元素的右边框的宽度
	border-bottom-width	设置元素的下边框的宽度
	border-left-width	设置元素的左边框的宽度
边框样式	border-top-style	设置元素的上边框的样式
	border-right-style	设置元素的右边框的样式
	border-bottom-style	设置元素的下边框的样式
	border-left-style	设置元素的左边框的样式
边框颜色	border-top-color	设置元素的上边框的颜色
	border-right-color	设置元素的右边框的颜色
	border-bottom-color	设置元素的下边框的颜色
	border-left-color	设置元素的左边框的颜色
定义边框	border-top	设置上边框线条样式、颜色和宽度
	border-right	设置右边框线条样式、颜色和宽度
	border-bottom	设置下边框线条样式、颜色和宽度
	border-left	设置左边框线条样式、颜色和宽度

当使用 border-width、border-style 和 border-color 属性设置边框属性时，每个属性的值同

样可以设置 1 个到 4 个（多个值之间使用空格分割），方向与 margin 属性基本相同。border 属性使用效果如图 6-4 所示。

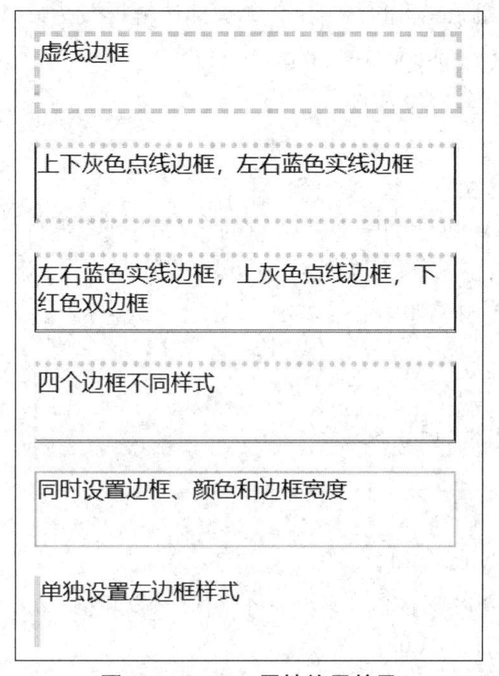

图 6-4　border 属性使用效果

为了实现图 6-4 所示的效果，代码 CORE0602 如下所示。

代码 CORE0602：border 属性的应用

```
<!DOCTYPE html>
<html lang="en">
<head>
    <meta charset="UTF-8">
    <title>Title</title>
    <style>
      .dashed {
          border-style: dashed;   /* 头部边框样式为虚线 */
          border-color: gainsboro;
          border-width: 4px;
      }
      .ds {
          border-style: dotted solid; /* 头部边框样式为虚线 */
          border-color: gainsboro blue;
          border-width: 4px 2px;
```

```
        }
        .dsd {
            border-style: dotted solid double; /* 头部边框样式为虚线 */
            border-color: gainsboro blue red;
            border-width: 4px 2px 3px;
        }
        .dsdd {
            border-style: dotted solid double dashed; /* 头部边框样式为虚线 */
            border-color: gainsboro blue red yellow;
            border-width: 4px 2px 3px 2px;
        }
        .bor{
            border: solid 2px pink;
        }
        .borderl{
            border-left-style: solid;
            border-left-width: 4px;
            border-left-color: aqua;
        }
        div {
            width: 300px;
            height: 50px;
            margin: 20px;
        }
    </style>
</head>
<body>
    <div class="dashed">
        虚线边框
    </div>
    <div class="ds">
        上下灰色点线边框,左右蓝色实线边框
    </div>
    <div class="dsd">
        左右蓝色实线边框,上灰色点线边框,下红色双边框
    </div>
```

```
        <div class="dsdd">
            四个边框不同样式
        </div>
        <div class="bor">
            同时设置边框、颜色和边框宽度
        </div>
        <div class="borderl">
            单独设置左边框样式
        </div>
    </body>
</html>
```

4. padding 属性

padding 属性是设置边框和内部元素之间的距离的属性，padding 属性及其说明如表 6-5 所示。

表 6-5　padding 属性及其说明

属性	说明
padding-top	上内边距
padding-right	右内边距
padding-bottom	下内边距
padding-left	左内边距

设置内边距时可选值有 3 个，如表 6-6 所示。

表 6-6　内边距可选值

值	说明
inherit	指定应该从父元素继承 padding 属性
length	固定边距的值（单位为 px、pt、em）
%	定义一个使用百分比的边距

相比于 margin 属性，同样可以使用 padding 属性一次性修改四个位置的边距，并且 padding 属性值与 margin 属性值相同。

padding 属性使用效果如图 6-5 所示。

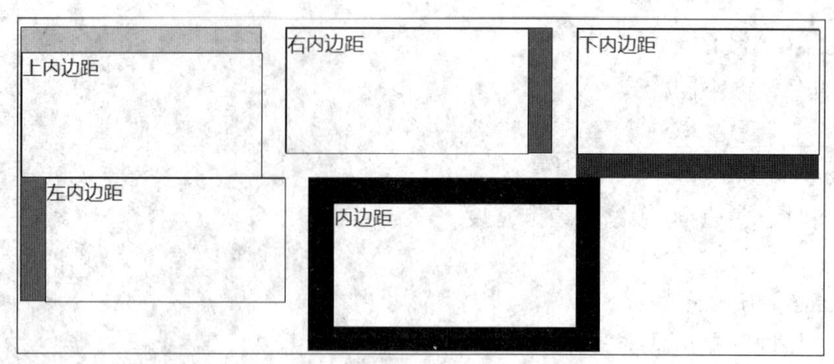

图 6-5 padding 属性使用效果

为了实现图 6-5 所示的效果，代码 CORE0603 如下所示。

代码 CORE0603：padding 属性的应用

```
<!DOCTYPE html>
<html lang="en">
<head>
    <meta charset="UTF-8">
    <title>Title</title>
    <style>
        .paddingtop {
            padding-top: 20px;
            background-color: pink;
            margin-bottom: 20px;
        }
        .paddingright{
            padding-right: 20px;
            background-color: green;
            margin-bottom: 20px;
        }
        .paddingbottom{
            padding-bottom: 20px;
            background-color: blue;
            margin-bottom: 20px;
        }
        .paddingleft{
            padding-left: 20px;
            background-color: red;
            margin-bottom: 20px;
        }
```

```
        .pd{
            padding: 20px;
            background-color: black;
            margin-bottom: 20px;
        }
        .box{
            background-color: white;
        }
        div {
            width: 200px;
            height:100px;
            border: solid 1px;
            float: left;
        }
    </style>
</head>
<body>
<div class="paddingtop">
    <div class="box">
        上内边距
    </div>
</div>
<div class="paddingright">
    <div class="box">
        右内边距
    </div>
</div>
<div class="paddingbottom">
    <div class="box">
        下内边距
    </div>
</div>
<div class="paddingleft">
    <div class="box">
        左内边距
    </div>
</div>
<div class="pd">
```

```
    <div class="box">
        内边距
    </div>
</div>
</body>
</html>
```

技能点二 CSS 边框属性

在 CSS 中不仅能够简单设置元素边框的样式、颜色和宽度，还能够通过 CSS3 添加的许多新属性实现图片边框、圆角边框和边框阴影效果，这些新属性分别为 border-image、border-radius、border-shadow。

1. border-image 属性

border-image 属性能够使用图像作为元素的边框。语法格式如下所示。

```
border-image: source slice width outset repeat|initial|inherit;
```

border-image 属性值及其说明如表 6-7 所示。

表 6-7 border-image 属性值及其说明

值	说明
border-image-source	表示用作边框的图片的路径
border-image-slice	表示图片边框向内偏移
border-image-width	表示图片边框的宽度
border-image-outset	表示边框图像区域超出边框的量
border-image-repeat	用于设置图像边界是否应重复（repeat）、拉伸（stretch）或铺满（round）

border-image 属性使用效果如图 6-6 所示。

图 6-6 border-image 属性使用效果

为了实现图 6-6 所示的效果，代码 CORE0604 如下所示。

代码 CORE0604: border-image 属性的应用

```
<!DOCTYPE html>
<html lang="en">
<head>
    <meta charset="UTF-8">
    <title>Title</title>
  <style>
    .imgborder{
        border:50px solid transparent;
        width:150px;
        padding:10px 20px;
        border-image:url(/img/img1.jpg) 100 100 round;
    }
  </style>
</head>
<body>
<div class="imgborder">
    使用图片作为边框
</div>
</body>
</html>
```

2. border-radius 属性

border-radius 属性是实现圆角边框的属性，使用 border-radius 属性设置圆角时 border-style 的值不能为 none，一个圆角中可以设置两个半径，即水平半径和垂直半径，如图 6-7 所示。

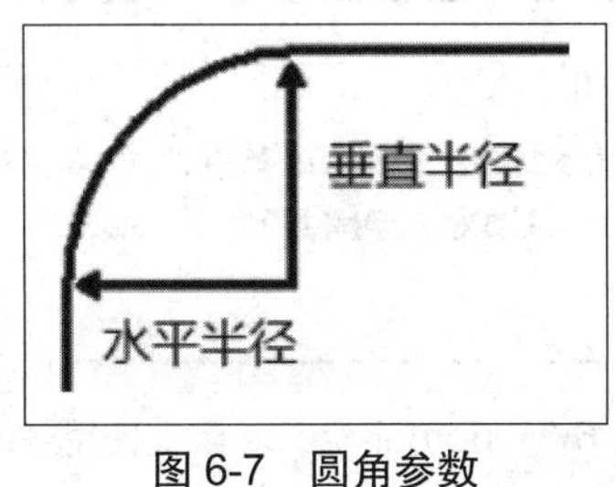

图 6-7　圆角参数

border-radius 属性有两种设置方式，分别为简化设置方式和完整设置方式，简化设置方式如下所示。

```
border-radius: 1-4 length|% / 1-4 length|%;
```

完整设置方式如下所示。

```
border-top-left-radius: 1-4 length|% / 1-4 length|%;          <!-- 左上角 -->
border-top-right-radius: 1-4 length|% / 1-4 length|%;         <!-- 右上角 -->
border-bottom-right-radius: 1-4 length|% / 1-4 length|%;      <!-- 右下角 -->
border-bottom-left-radius: 1-4 length|% / 1-4 length|%;       <!-- 左下角 -->
```

语法格式中每个“1-4 length|%”即为一组值，第一组值表示水平半径，第二组值表示垂直半径，当只设置一组值时其水平半径和垂直半径相等。border-radius 属性值类型如表 6-8 所示。

表 6-8 border-radius 属性值类型

值	描述
length	定义圆角的形状（px，em）
%	以百分比定义圆角的形状

当使用 border-radius 属性设置圆角时，其属性的每组值都可以设置 1 个到 4 个（与 margin 和 padding 属性的值设置方式类似，多个值之间使用空格分割），说明如下所示。

- 四个值：依次对应左上角、右上角、右下角、左下角。
- 三个值：第一值表示左上角，第二个值表示右上角和左下角，第三个值表示右下角。
- 两个值：第一个值表示左上角和右下角，第二个值表示右上角和左下角。
- 一个值：表示 4 个角相同。

border-radius 属性使用效果如图 6-8 所示。

图 6-8 border-radius 属性使用效果

为了实现图 6-8 所示的效果，代码 CORE0605 如下所示。

代码 CORE0605: border-radius 属性的应用

```
<!DOCTYPE html>
<html lang="en">
<head>
```

```
    <meta charset="UTF-8">
    <title>Title</title>
  <style>
    .radius1
    {
      text-align:center;/* 文字显示方式居中 */
      border:2px solid #000;/* 边框粗细 2px 实线 黑色 */
      width:250px;
      height: 100px;
      border-radius:20px;/* 圆角半径为 20px*/
    }
    .radius2
    {
      text-align:center;
      border:2px solid #F00;
      width:250px;
      height: 100px;
      margin-top:20px;
      border-radius:20px / 50px; /* 水平半径 20px 垂直半径 50px*/
    }
  </style>

</head>
<body>
  <div class="radius1"> 设置 border-radius 属性为 20px</div>
  <div class="radius2"><br> 设置 border-radius 属性水平半径为 20px，垂直半径为 50px
</div>
</body>
</html>
```

3. box-shadow 属性

box-shadow 属性用于给边框添加阴影，可通过宽度、颜色、模糊距离等内容的设置调整阴影的效果，语法格式如下所示。

```
box-shadow: h-shadow v-shadow blur spread color inset;
```

box-shadow 属性值及其说明如表 6-9 所示。

表 6-9 box-shadow 属性值及其说明

值	说明
h-shadow	必须填写,表示水平阴影的位置,允许为负值
v-shadow	必须填写,表示垂直阴影的位置,允许为负值
blur	可选,表示模糊距离
spread	可选,表示阴影的尺寸
color	可选,表示阴影的颜色
inset	可选,表示将外部阴影 (outset) 改为内部阴影

box-shadow 属性使用效果如图 6-9 所示。

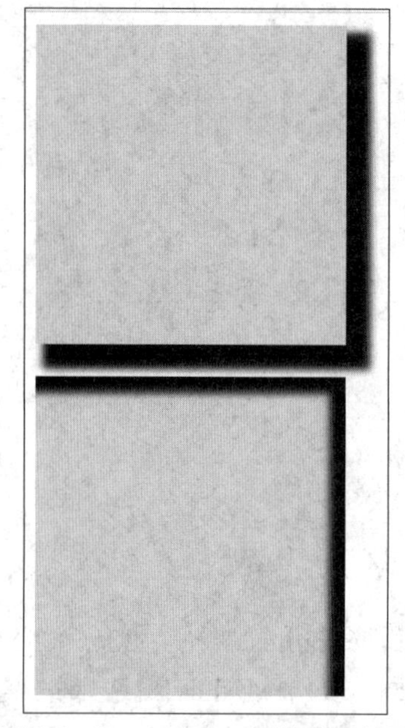

图 6-9 box-shadow 属性使用效果

为了实现图 6-9 所示的效果,代码 CORE0606 如下所示。

代码 CORE0606: box-shadow 属性的应用

```
<!DOCTYPE html>
<html lang="en">
<head>
    <meta charset="UTF-8">
    <title>Title</title>
  <style>
    .shadow1
```

```
    {
      width:200px;
      height:200px;
      background-color:#dcdcdc;/* 背景颜色为灰色 */
      box-shadow: 10px 10px 5px 5px #000;/* 水平偏移距离 10px, 垂直偏移 10px, 阴影模
糊距离 5px, 阴影尺寸 5px, 颜色为黑色 */
    }
    .shadow2
    {
      width:200px;
      height:200px;
      background-color:#dcdcdc;
      margin-top:20px;
      box-shadow:-10px 10px   5px #000 inset;/* 水平偏移距离 -10px, 垂直偏移 10px, 阴
影模糊距离 5px, 阴影尺寸 5px, 颜色为黑色 , 内部阴影 */
    }
  </style>
</head>
<body>
    <div class="shadow1"></div>
    <div class="shadow2"></div>
</body>
</html>
```

技能点三　浮动属性

在 CSS 中，任何元素都可以浮动，但只能在水平方向上浮动（只能左右浮动不能上下浮动）。当一个元素设置向左或向右浮动时，该元素会向左或向右移动，直到外边缘接触到另一个包含边框或另一个设置了浮动元素的边框为止。CSS 中使用 float 属性进行浮动设置，语法格式如下所示。

```
float: left|right|clear|inherit;
```

float 属性值及其说明如表 6-10 所示。

表 6-10　float 属性值及其说明

值	描述
left	元素向左浮动
right	元素向右浮动
clear	清除浮动
Inherit	从父元素集成 float 属性值

float 属性使用效果如图 6-10 所示。

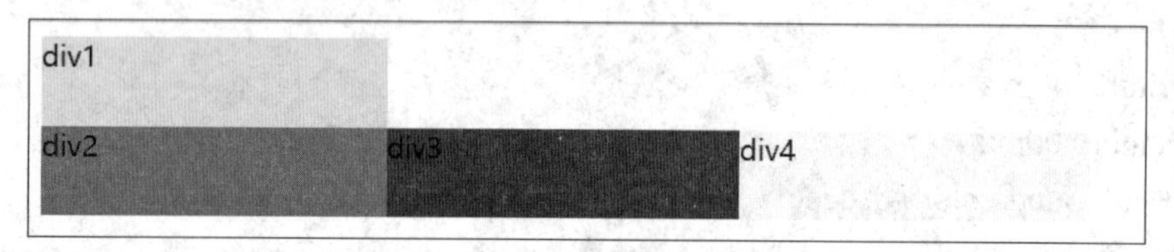

图 6-10　float 属性使用效果

为了实现图 6-10 所示的效果，代码 CORE0607 如下所示。

代码 CORE0607: float 属性的应用

```
<!DOCTYPE html>
<html lang="en">
<head>
    <meta charset="UTF-8">
    <title>Title</title>
<style>
.divfloat{
    width: 200px;
    height: 50px;
    float: left;
}
.div1{
    width: 200px;
    height: 50px;
}
</style>
</head>
<body>
<div class="div1" style="background-color: aqua">div1</div>
<div class="divfloat" style="background-color: red">div2</div>
```

```
<div class="divfloat" style="background-color: blue">div3</div>
<div class="divfloat" style="background-color: yellow">div4</div>
</body>
</html>
```

技能点四　定位属性

1. position 属性

position 属性用于建立元素布局的定位机制，通过 position 属性能够对元素进行相对定位、绝对定位和固定定位。position 属性语法格式如下所示。

```
position: absolute|fixed|relative
```

position 属性及其说明值如表 6-11 所示。

表 6-11　position 属性值及其说明

值	说明
relative	相对定位
absolute	绝对定位
fixed	固定定位

（1）relative 相对定位

在 CSS 中，相对定位是指元素根据其在默认数据流中的原位置进行的定位，相对定位效果如图 6-11 所示。

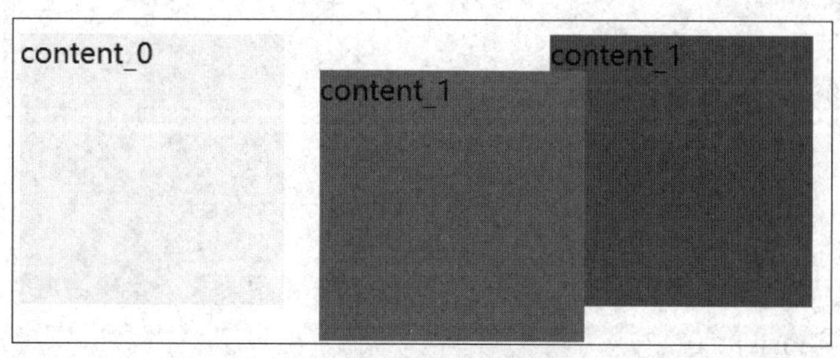

图 6-11　相对定位效果

为了实现图 6-11 所示的效果，代码 CORE0608 如下所示。

代码 CORE0608: 相对定位

```
<!DOCTYPE html>
<html lang="en">
<head>
    <meta charset="UTF-8">
    <title>Title</title>
  <style>
    .content_0{
      background-color: yellow;
      width: 150px;
      height: 150px;
      float: left;
    }
    .content_1{
      background-color: red;
      width: 150px;
      height: 150px;
      position: relative; /* 这里使用了 relative */
      left: 20px; /* 指定定位元素的位置 */
      top: 20px; /* 指定定位元素的位置 */
      float: left;

    }
    .content_2{
      background-color: green;
      width: 150px;
      height: 150px;
      float: left;
    }
  </style>
</head>
<body>
    <div class="content_0">
        content_0
    </div>
```

```
        <div class="content_1">
            content_1
        </div>
        <div class="content_2">
            content_1
        </div>
</body>
</html>
```

（2）absolute 绝对定位

绝对定位是指根据离指定元素最近且有定位设置的父元素（非默认定位元素）进行的定位，如果不存在父元素，则根据 body 对象进行定位，绝对定位效果如图 6-12 所示。

图 6-12　绝对定位效果

为了实现图 6-12 所示的效果，代码 CORE0609 如下所示。

代码 CORE0609: 绝对定位

```
<!DOCTYPE html>
<html lang="en">
<head>
  <meta charset="UTF-8">
  <title>Title</title>
  <style>
    .content_0{
      background-color: yellow;
      width: 200px;
      height: 200px;
      position: relative;
      left: 20px;    /* 设置定位的位置 */
      top: 20px;    /* 设置定位的位置 */
    }
    .content_1{
```

```
        background-color: red;
        width: 150px;
        height: 150px;
        margin-left: 20px;
    }
    .content_2{
        background-color: green;
        width: 100px;
        height: 100px;
        position: absolute;
        left: 30px; /* 设置定位的位置 */
    }
  </style>
</head>
<body>
<div class="content_0"><!-- 未默认定位 -->
  非默认定位
  <div class="content_1"> <!-- 默认定位 -->
    默认定位
    <div class="content_2">
      绝对定位
    </div>
  </div>
</div>
</body>
</html>
```

（3）fixed 固定定位

固定定位是指元素针对于浏览器窗口的定位，浏览器窗口在滚动时，元素在窗口中的位置保持不变，固定定位效果如图 6-13 所示。

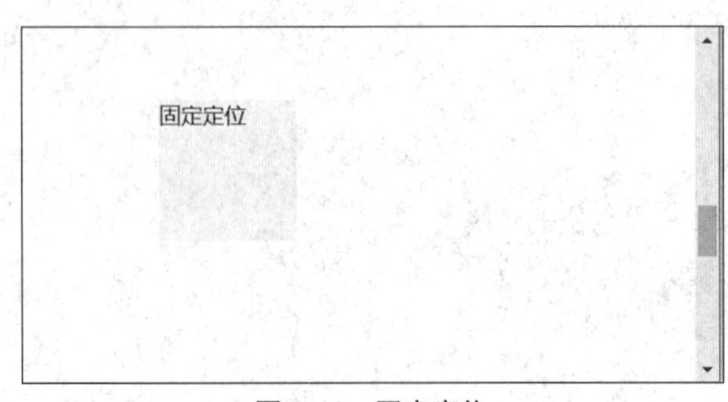

图 6-13　固定定位

为了实现图 6-13 所示的效果，代码 CORE0610 如下所示。

代码 CORE0610: 固定定位

```
<!DOCTYPE html>
<html lang="en">
<head>
    <meta charset="UTF-8">
    <title>Title</title>
  <style>
    .container{
      width: 100%;
      height: 1500px;
    }
    .content{
      background-color: yellow;
      width: 100px;
      height: 100px;
      position: fixed;/* 这里使用了 fixed */
      top: 50px;    /* 定位的位置 */
      left: 100px;   /* 定位的位置 */
    }
  </style>
</head>
<body>
  <div class="container">
      <div class="content">
        固定定位
      </div>
    </div>
</body>
</html>
```

2. 锚点定位

锚点定位是指通过点击锚点链接实现在同一页面内不同位置的跳转，锚点定位实现步骤如下。

第一步：给元素命名锚点名，语法格式如下所示。

```
< 标记 id=" 命名锚点名 "> </ 标记 >
```

第二步：命名锚点链接，语法格式如下所示。

```
<a href="# 锚点名称 "></a>
```

锚点使用效果如图 6-14 所示。

图 6-14 锚点使用效果

为了实现图 6-14 所示的效果，代码 CORE0611 如下所示。

代码 CORE0611: 固定定位

```
<!DOCTYPE html>
<html lang="en">
<head>
    <meta charset="UTF-8">
<title>Title</title>
    <style>
/* 设置左侧列表为绝对定位 */
        .list{
            position: fixed;
            top: 250px;
        }
/* 设置列表样式 */
        .list ul li{
            background-color: black; /* 黑色背景 */
            list-style-type: none; /* 去掉项目符号 */
            font-size: 20px;
            height: 40px;
            width: 40px;
            border-bottom: solid white 1px;
            text-align: center; /* 内容居中显示 */
            line-height: 40px; /* 行高设置与元素高度一致，实现垂直居中 */
        }
/* 设置 a 标签样式 */
```

```
        .list ul a{
            color: white;
            text-decoration:none;
        }
.container1{
    width: 100%;
    height: 720px;
    font-size: 50px;
    color: green;
    background-color: gainsboro;
    text-align: center;
    line-height: 720px;
}
    </style>
</head>
<body>
<div id="list" class="list">
  <ul>
      <a href="#container1"><li>1</li></a>
      <a href="#container2"><li>2</li></a>
      <a href="#container3"><li>3</li></a>
      <a href="#container4"><li>4</li></a>
      <a href="#container5"><li>5</li></a>
  </ul>
</div>
<div id="container1" class="container1">1</div>
<div id="container2" class="container1">2</div>
<div id="container3" class="container1">3</div>
<div id="container4" class="container1">4</div>
<div id="container5" class="container1">5</div>
</body>
</html>
```

通过对本任务的学习，掌握了 CSS 盒子模型页面布局的常用属性及使用方法，为了巩固所学的知识，通过以下几个步骤，使用 CSS 盒子模型实现视频播放平台静态页面的布局与制作。

第一步：创建项目。打开 WebStorm，创建名为“Videoplayback”的项目，将网页所需图片复制到该项目下，并新建名为“index.html”的文件，结果如图 6-15 所示。

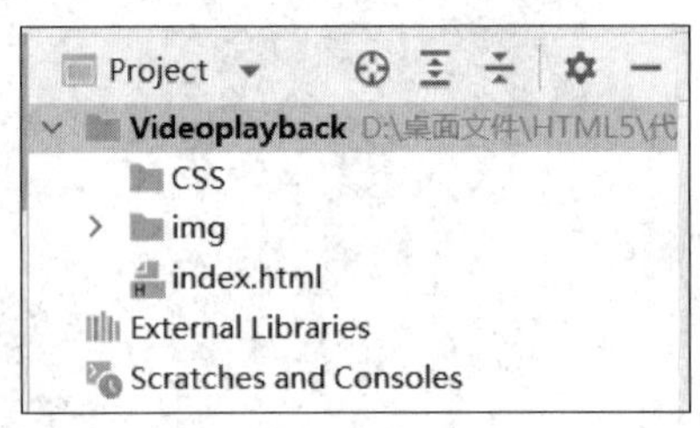

图 6-15 创建项目

第二步：创建 CSS 样式文件，在项目中创建 style.css 文件，在该文件中添加初始化样式配置及通用样式配置，代码 CORE0612 如下所示。

代码 CORE0612: 创建 CSS 样式文件

```
/* 通用配置 */
*{padding:0;margin:0;box-sizing: border-box;font-size: 14px;}
/* 设置 a 标签样式 */
a{
    text-decoration: none;
color:#333;
}
em{
    color: #FF9B52;
}
/* 设置 body 的背景颜色 */
body{
    background-color: #F8 F8 F8;
}
/* 设置列表标签样式 */
```

```
ul li{
    list-style: none;
}
```

第三步：编写顶部导航栏。使用 <nav> 标签定义顶部导航栏，导航栏内容使用 <ul> 标签进行定义，代码 CORE0613 如下所示。

代码 CORE0613: 编写顶部导航栏

```
<nav class="navigation" id="navigation">
    <div class="navigation_text">
    <ul>
        <li class="movies_complete">
            <a href="#"> 影视大全 </a>
        </li>
        <li class="home_page">
            <a href="#"> 首页 </a>
        </li>
        <li>
            <a href="#"> 电视剧 </a>
        </li>
        <li>
            <a href="#"> 电影 </a>
        </li>
        <li>
            <a href="#"> 动漫 </a>
        </li>
        <li>
            <a href="#"> 综艺 </a>
        </li>
        <li>
            <a href="#"> 剧情 </a>
        </li>
        <li>
            <a href="#"> 最新 </a>
        </li>
    </ul>
    </div>
</nav>
```

在 style.css 文件中设置顶部导航栏的样式，设置导航栏的宽度为整个页面窗口的宽度，设置“影视大全”字样为灰色，“首页”字样背景为橙色、字体为白色，样式文件设置完成后将样式文件引入 index 中，代码 CORE0614 如下所示。

代码 CORE0614: 编写顶部导航栏样式

```
/* 顶部导航栏 */
.navigation{
    width: 100%;
    height: 40px;
    background-color: white;
}
/* 设置 li 标签水平显示 */
.navigation ul li{
    display: inline;
    /* 左外边距 10 像素 */
    margin-right: 10px;
    line-height: 40px;
}
.navigation ul a{
    font-size: 14px;
    line-height: 40px;
    width: 58px;
    height: 50px;
    /* 设置内边距 */
    padding: 10px 15px 10px 15px;
}
.navigation_text{
    margin: 0 auto;
    width: 80%;
    text-align: center;
}
.movies_complete a{
    color: #9D9D9D;
}
/* 设置首页字样白色字体，橙色背景 */
.home_page a{
    color: white;
    background-color: #FF9900;
}
```

结果如图 6-16 所示。

影视大全　首页　电视剧　电影　动漫　综艺　剧情　最新

图 6-16　导航栏

第四步：编写热门影片集分类剧情部分，并编写 HTML 页面结构，页面结构分为四个部分，分别为图片展示区域、分类列表、“分集剧情”字样与分集剧情导航，代码 CORE0615 如下所示。

代码 CORE0615：热门影片集分类剧情部分

```
<div class="content">
<!-- 图片展示区域 -->
<div class="img_content">
        <img src="img/img.png" width="100%" height="100%">
    </div>
<!-- 分类列表 -->
<div class="type_list">
        <ul>
            <li><a href="#"><img src="img/ 全部 .png" width="60%"><br><span> 全部影片 </span></a></li>
            <li><a href="#"><img src="img/ 排行 .png" width="60%"><br><span> 影视排行 </span></a></li>
            <li><a href="#"><img src="img/ 最近更新 .png" width="60%"><br><span> 最近更新 </span></a></li>
            <li><a href="#"><img src="img/ 集合 .png" width="60%"><br><span> 专题合集 </span></a></li>
        </ul>
    </div>
<!-- 分集剧情 -->
    <div class="content_right_center">
        <span> 分集剧情 </span>
    </div>
<!-- 分集剧情导航 -->
    <div class="content_right_bottom">
        <ul>
            <li><a class="hover_color" href="#"><em>1.</em><span> 地道战第 40 集全 </span></a></li>
            <li><a class="hover_color" href="#"><em>2.</em><span> 小兵张嘎 20 集全 </span></a></li>
```

```
            <li><a class="hover_color" href="#"><em>3.</em><span> 高山下的花环 3 集剧情 </span></a></li>
            <li><a class="hover_color" href="#"><em>4.</em><span> 江姐 30 集剧情 </span></a></li>
            <li><a class="hover_color" href="#"><em>5.</em><span> 大决战 50 集剧情 </span></a></li>
            <li><a class="hover_color" href="#"><em>6.</em><span> 闪闪的红星 23 集剧情 </span></a></li>
            <li><a class="hover_color" href="#"><em>7.</em><span> 远山的红叶 20 集剧情 </span></a></li>
            <li><a class="hover_color" href="#"><em>8.</em><span> 红日第 35 集剧情 </span></a></li>
            <li><a class="hover_color" href="#"><em>9.</em><span> 冷箭 35 集剧情 </span></a></li>
            <li><a class="hover_color" href="#"><em>10.</em><span> 一路格桑花 20 集剧情 </span></a></li>
        </ul>
    </div>
</div>
```

HTML 结构编写完成后，设置页面样式，设置宽度占窗口的 80%，背景为白色，并设置当鼠标指向 <a> 标签时，<a> 标签中的文字变为橙色等，代码 CORE0616 如下所示。

代码 CORE0616: 热门影片集分类剧情部分部分样式

```
/* 热门影片集分类剧情部分部分样式背景样式 */
.content,.lately_update,.film{
    width: 80%;
    margin: 0 auto; /* 设置居中显示 */
    margin-top: 40px; /* 上外边距 40 像素 */
    padding: 15px; /* 内边距 15 像素 */
    height:400px;
    background-color: white;   /* 设置背景颜色为白色 */
    border-radius: 10px;    /* 设置边框为圆角 */
}
/* 设置图片展示区域中图片的大小 */
.img_content{
    width: 53%;
    height: 370px;
```

```
    float: left;
}
/** 分类列表样式 /
.type_list{
    float: left; /* 左浮动 */
    width: 47%;
}
.type_list ul {
    margin-left: 6%; /* 左外边距 6%*/
    width: 100%;
    overflow: hidden;
}

.type_list ul li{
    float: left; /* 左浮动 */
    width: 20%;
    padding: 12px;    /* 内边距 12 像素 */
    margin-right: 20px;    /* 右外边距 20 像素 */
    background-color: #F5F5F5;
    text-align: center; /* 设置内容居中显示 */
}
.type_list span{
    color:#9D9D9D
}
/* 分集剧情列表样式 */
.content_right_center,.content_right_bottom {
    float: left;        /* 左浮动 */
    width: 43%;
    margin-left: 3%;    /* 左外边距 */
    height: 60px;
}
.content_right_center span{
    font-size: 18px;
    line-height: 60px;
}
.content_right_bottom ul{
    width: 100%;
```

```
    overflow: hidden;
}

.content_right_bottom ul li{
    float: left;   /* 设置 li 标签左浮动 */
    width: 50%;
    padding: 10px;
    border-top: dotted #9D9D9D 1px;
}
.hover_color:hover{
    color: #FF9B52;
}
```

结果如图 6-17 所示。

图 6-17 热门影片集分类剧情部分

第五步：编写最近更新。最近更新中的内容主要为最新的电影及电视剧，分为三部分：顶部标识部分、图片展示部分与底部列表部分，代码 CORE0617 如下所示。

代码 CORE0617: 最近更新

```
<!-- 最近更新 -->
<!-- 顶部标识部分 -->
<div class="lately_update">
    <div class="update_text">
        <ul>
            <li>
                <img src="img/ 时 间 .png" width="5%" style="vertical-align: middle;"><span> 最近更新 </span>
            </li>
            <li style="text-align: right;color: #999 999">
                <span> 更多 >></span>
```

```
            </li>
        </ul>
    </div>
<!-- 图片展示部分 -->
    <div class="update_text_video">
        <ul>
            <li><a href="#"><img src="img/img_1.png" width="150px" height="190px"><br><span> 哪吒之魔童降世 </span></a></li>
            <li><a href="#"><img src="img/img_2.png" width="150px" height="190px"><br><span> 白蛇缘起 </span></a></li>
            <li><a href="#"><img src="img/img_3.png" width="150px" height="190px"><br><span> 喜洋洋 </span></a></li>
            <li><a href="#"><img src="img/img_4.png" width="150px" height="190px"><br><span> 八佰 </span></a></li>
            <li><a href="#"><img src="img/img_5.png" width="150px" height="190px"><br><span> 姜子牙 </span></a></li>
            <li><a href="#"><img src="img/img_6.png" width="150px" height="190px"><br><span> 雄狮少年 </span></a></li>
        </ul>
    </div>
<!-- 底部列表 -->
    <div class="lately_update_bottom">
        <ul>
            <li><a class="hover_color" href="#"><em>1.</em><span> 理想照耀中国 </span><span class="span_right"> 更新至 2021</span></a></li>
            <li><a class="hover_color" href="#"><em>2.</em><span> 人民的名义 </span><span class="span_right"> 完结 </span></a></li>
            <li><a class="hover_color" href="#"><em>3.</em><span> 巡回检察官 </span><span class="span_right"> 更新至 43 集 </span></a></li>
            <li><a class="hover_color" href="#"><em>4.</em><span> 在人间 </span><span class="span_right"> 更新至 32 集 </span></a></li>
            <li><a class="hover_color" href="#"><em>5.</em><span> 数风流人物 </span><span class="span_right"> 更新至 40 集 </span></a></li>
            <li><a class="hover_color" href="#"><em>6.</em><span> 长征先锋 </span><span class="span_right"> 更新至 26 集 </span></a></li>
            <li><a class="hover_color" href="#"><em>7.</em><span> 西游记 </span><span class="span_right"> 更新至 25 集 </span></a></li>
```

```
            <li><a class="hover_color" href="#"><em>8.</em><span> 水浒传
</span><span class="span_right"> 更新至 43 集 </span></a></li>
            <li><a class="hover_color" href="#"><em>9.</em><span> 红楼梦
</span><span class="span_right"> 更新至 36 集 </span></a></li>
            <li><a class="hover_color" href="#"><em>10.</em><span> 亮剑
</span><span class="span_right"> 更新至 30 集 </span></a></li>
            <li><a class="hover_color" href="#"><em>11.</em><span> 士兵突击
</span><span class="span_right"> 更新至 30 集 </span></a></li>
            <li><a class="hover_color" href="#"><em>12.</em><span> 潜伏
</span><span class="span_right"> 更新至 40 集 </span></a></li>
        </ul>
    </div>
</div>
```

HTML 页面结构编写完成后，设置页面的样式，整体最近更新内容的宽度同样设置为占窗口的 80%，与图片展示部分的样式一致，当鼠标移动到最近更新的列表时，字体颜色变为橙色等，代码 CORE0618 如下所示。

代码 CORE0618: 最近更新样式

```
/* 最近更新 */
/* 顶部标识部分样式 */
.lately_update{
    height: 420px;
}
/* 设置图片展示样式 */
.update_text ul{
    height: 40px;
}
.update_text  ul li{
    width: 50%;
    float: left;
}

.update_text  span{
    font-size: 18px;
    line-height: 40px;
    vertical-align: middle;
}
```

```
/* 最近更新列表上外边距 */
.update_text_video ul{
    margin-top: 10px;
}
/* 最近更新内容左浮动，左外边距 2%*/
.update_text_video ul li{
    float: left;
    width: 14%;
    margin-left: 2%;
}
/* 设置底部展示列表区域样式 */
.lately_update_bottom{
    float: left;
    height: 60px;
    margin-top: 20px;
}
/* 最近更新底部列表 */
.lately_update_bottom ul{
    width: 100%;
    overflow: hidden;
}
/* 设置列表中每一项左浮动，内边距 10 像素等 */
.lately_update_bottom ul li{
    float: left;
    width: 25%;
    padding: 10px;
    border-top: dotted #9D9D9D 1px;
}
.span_right{
    float: right;
}
```

结果如图 6-18 所示。

图 6-18 最近更新

第六步：编写电影展示。电影展示部分主要展示了最近上映的和热度较高的影视剧。内容主要由四个部分组成，分别为图片展示部分、类型分类、排行榜以及图片类型展示，代码 CORE0619 如下所示。

代码 CORE0619：电影展示

```
<!-- 电影 -->
<div class="film">
    <div class="update_text">
        <ul>
            <li>
                <img src="img/电影.png" width="5%" style="vertical-align: middle;"><span>电影</span>
            </li>
            <li style="text-align: right;color: #999999">
                <span>更多>></span>
            </li>
        </ul>
    </div>
    <div class="film_left">
<!-- 图片展示部分 -->
        <div class="film_left_top">
            <a href="#"><img src="img/img_7.png"  width="100%" height="216px"></a>
        </div>
<!-- 类型分类 -->
        <div class="film_left_center">
            <ul>
                <li><a href="#">惊悚</a> </li>
```

```
                    <li><a href="#"> 悬疑 </a> </li>
                    <li><a href="#"> 魔幻 </a> </li>
                    <li><a href="#"> 言情 </a> </li>
                    <li><a href="#"> 罪案 </a> </li>
                    <li><a href="#"> 冒险 </a> </li>
                    <li><a href="#"> 灾难 </a> </li>
                    <li><a href="#"> 古装 </a> </li>
                </ul>
            </div>
<!-- 排行榜 -->
            <div class="update_text">
                <ul>
                    <li>
                        <img src="img/ 排 行 .png" width="20%" style="vertical-align:
middle;"><span> 排行榜 </span>
                    </li>
                    <li style="text-align: right;color: #999 999">
                        <span> 更多 >></span>
                    </li>
                </ul>
            </div>
            <div class="lately_update_bottom film_left_bottom">
                <ul>
                    <li><a class="hover_color" href="#"><em>1.</em><span> 建党大业 </
span><span class="span_right"> 电影 </span></a></li>
                    <li><a class="hover_color" href="#"><em>2.</em><span> 建国大业
</span><span class="span_right"> 电影 </span></a></li>
                    <li><a class="hover_color" href="#"><em>3.</em><span> 建军大业
</span><span class="span_right"> 电影 </span></a></li>
                    <li><a class="hover_color" href="#"><em>4.</em><span> 我和我的父
辈 </span><span class="span_right"> 电影 </span></a></li>
                    <li><a class="hover_color" href="#"><em>5.</em><span> 我不是药神
</span><span class="span_right"> 电影 </span></a></li>
                </ul>
            </div>
        </div>
```

```
<!-- 图片类型展示 -->
    <div class="film_right">
        <ul>
            <li><a href="#"><img src="img/img_8.png" width="170px" height="238px"><br><span> 最可爱的人 </span></a></li>
            <li><a href="#"><img src="img/img_9.png" width="170px" height="238px"><br><span> 上甘岭 </span></a></li>
            <li><a href="#"><img src="img/img_10.png" width="170px" height="238px"><br><span> 英雄儿女 </span></a></li>
            <li><a href="#"><img src="img/img_11.png" width="170px" height="238px"><br><span> 守护三江源 </span></a></li>
            <li><a href="#"><img src="img/img_12.png" width="170px" height="238px"><br><span> 流浪地球 </span></a></li>
            <li><a href="#"><img src="img/img_13.png" width="170px" height="238px"><br><span> 南征北战 </span></a></li>
            <li><a href="#"><img src="img/img_14.png" width="170px" height="238px"><br><span> 我和我的祖国 </span></a></li>
            <li><a href="#"><img src="img/img_15.png" width="170px" height="238px"><br><span> 长津湖 </span></a></li>
        </ul>
    </div>
</div>
```

HTML 结果编写完成后，设置 CSS 样式，整体宽度设置为占窗口的 80%，背景为白色，高度为 640 px 等，代码 CORE0620 如下所示。

代码 CORE0620: 电影展示样式

```
/* 电影 */
/* 设置整个电影展示部分的高度 */
.film{
    height: 640px;
}
/* 设置图片展示，分类，排行榜内容的所在位置和宽度 */
.film_left{
    width: 35%;
    height: 400px;
    margin-top: 10px; /* 上外边距 10 像素 */
```

```
    float: left; /* 左浮动 */
}
/* 设置图片展示区域的高度和位置 */
.film_left_top{
    height: 216px;
    margin-left: 10px;
}
/* 设置分类部分的位置 */
.film_left_center{
    padding-top: 10px;
}
/* 设置分类列表宽度 103%，内容居中 */
.film_left_center ul{
    width: 103%;
    overflow: hidden;
    text-align: center;
}
/* 设置列表中的每一项左浮动，宽度 25%，下外边距 10 像素 */
.film_left_center ul li{
    float: left;
    width: 25%;
    margin-bottom:10px;
}
/* 设置列表中 a 标签的样式 */
.film_left_center ul li a{
    color: #999 999;
    display: block;
    margin: 0 10px 0 10px;
    height: 35px;
    background-color: #f5f5f5;
    line-height: 35px;
    border-radius: 5px;
}
/* 排行榜列表样式 */
.film_left_bottom ul li{
    width: 100%;
```

```
}
/* 图片类型展示区域样式 */
.film_right{

    width: 62%;
    float: left;
    margin-left: 20px;
}

.film_right ul li{
    margin-top: 10px;
    width: 25%;
    float: left;
    margin-bottom: 30px;
}
```

结果如图 6-19 所示。

图 6-19 电影展示

第七步：编写底部分类。底部分类主要为展示四种影视类型中的不同题材的内容，代码 CORE0621 如下所示。

代码 CORE0621: 底部分类

```
<div class="bottom">
    <div class="bottom_content">
        <div class="bottom_content_text">
            <h4> 电视剧 </h4>
            <ul>
                <li><a href="#"> 农村 </a> </li>
                <li><a href="#"> 喜剧 </a> </li>
                <li><a href="#"> 偶像 </a> </li>
                <li><a href="#"> 古装 </a> </li>
                <li><a href="#"> 武侠 </a> </li>
                <li><a href="#"> 神话 </a> </li>
                <li><a href="#"> 穿越 </a> </li>
                <li><a href="#"> 刑侦 </a> </li>
                <li><a href="#"> 商战 </a> </li>
                <li><a href="#"> 战争 </a> </li>
                <li><a href="#"> 军旅 </a> </li>
                <li><a href="#"> 谍战 </a> </li>
            </ul>
        </div>
        <div class="bottom_content_text">
            <h4> 电影 </h4>
            <ul>
                <li><a href="#"> 惊悚 </a> </li>
                <li><a href="#"> 悬疑 </a> </li>
                <li><a href="#"> 魔幻 </a> </li>
                <li><a href="#"> 言情 </a> </li>
                <li><a href="#"> 罪案 </a> </li>
                <li><a href="#"> 冒险 </a> </li>
                <li><a href="#"> 灾难 </a> </li>
                <li><a href="#"> 古装 </a> </li>
                <li><a href="#"> 青春 </a> </li>
                <li><a href="#"> 歌舞 </a> </li>
                <li><a href="#"> 励志 </a> </li>
                <li><a href="#"> 文艺 </a> </li>
            </ul>
        </div>
```

```
        <div class="bottom_content_text">
            <h4> 动漫 </h4>
            <ul>
                <li><a href="#"> 冒险 </a> </li>
                <li><a href="#"> 热血 </a> </li>
                <li><a href="#"> 高效 </a> </li>
                <li><a href="#"> 少女 </a> </li>
                <li><a href="#"> 恋爱 </a> </li>
                <li><a href="#"> 魔幻 </a> </li>
                <li><a href="#"> 推理 </a> </li>
                <li><a href="#"> 神魔 </a> </li>
                <li><a href="#"> 竞技 </a> </li>
                <li><a href="#"> 游戏 </a> </li>
                <li><a href="#"> 益智 </a> </li>
                <li><a href="#"> 机战 </a> </li>
            </ul>
        </div>
        <div class="bottom_content_text">
            <h4> 综艺 </h4>
            <ul>
                <li><a href="#"> 真人秀 </a> </li>
                <li><a href="#"> 脱口秀 </a> </li>
                <li><a href="#"> 选秀 </a> </li>
                <li><a href="#"> 情感 </a> </li>
                <li><a href="#"> 访谈 </a> </li>
                <li><a href="#"> 美食 </a> </li>
                <li><a href="#"> 旅游 </a> </li>
                <li><a href="#"> 财经 </a> </li>
                <li><a href="#"> 军事 </a> </li>
                <li><a href="#"> 职场 </a> </li>
                <li><a href="#"> 音乐 </a> </li>
                <li><a href="#"> 时尚 </a> </li>
            </ul>
        </div>
    </div>
</div>
```

HTML 页面结构编写完成后，设置 CSS 样式，本部分的宽度设置为占窗口的 100%，背景颜色为白色等，代码 CORE0622 如下所示。

代码 CORE0622: 底部分类样式

```
/* 底部分类样式 */
.bottom{
    width: 100%;
    background-color: white;
    height: 100px;
    margin-top: 30px;
}
/* 底部分类内容的位置 */
.bottom_content{
    width: 80%;
    margin: 0 auto;
    margin-top: 20px;
}
/* 每一类型的宽度和左浮动 */
.bottom_content_text{
    width: 25%;
    float: left;
}
/*a 标签样式 */
.bottom_content ul li a{
    display: block;
    margin: 5px 5px 5px 5px;
    height: 20px;
    line-height: 20px;
}
/* 设置列表左浮动 */
.bottom_content ul li{
    float: left;
}
```

结果如图 6-20 所示。

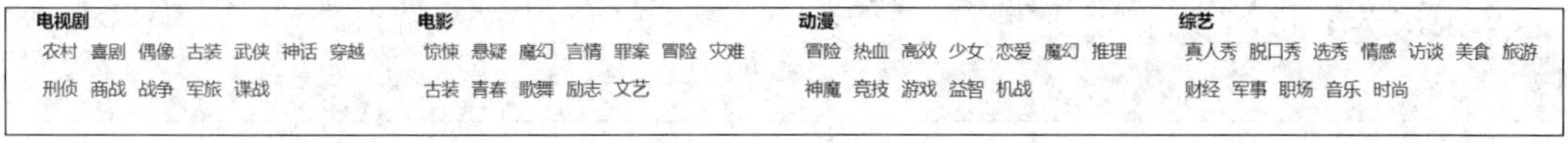

图 6-20　底部分类

第八步：客服及回到顶部。在 HTML 结构中编写两个区域，分别用作回到顶部功能和客服功能，回到顶部功能使用锚点定位的形式，将位置定位到顶部，代码 CORE0623 如下所示。

代码 CORE0623: 客服及回到顶部

```
<!--position 定位 -->
<div class="customer_service">
    <img src="img/ 客服 .png" width="40px">
</div>
<!-- 锚点定位 -->
<div class="anchor_point">
    <a href="#navigation"><img src="img/ 上传 .png" width="30px"></a>
</div>
```

HTML 结构编写完成后，设置 CSS 样式，客服与回到顶部的两个 <div> 标签均使用固定定位的形式在页面中进行定位，代码 CORE0624 如下所示。

代码 CORE0624: 客服及回到顶部样式

```
/* 客服 */
.customer_service,.anchor_point{
    text-align: center;          /* 内容居中 */
    background-color: white; /* 背景颜色白色 */
    width: 50px;
    height: 50px;
    position: fixed;             /* 这里使用了 fixed 固定定位 */
    top: 80%;                    /* 设置固定定位位置 */
    left: 93%;                  /* 设置固定定位位置 */
    padding-top: 5px;
    border-radius: 7px;     /* 圆角半径 7 像素 */
}
/* 回到顶部 */
.anchor_point{
    background-color: #636 363;
    top: 70%;
    left: 93%;
    padding-top: 8px;
    border-radius: 7px;    /* 圆角半径 7 像素 */
}
```

结果如图 6-21 所示。

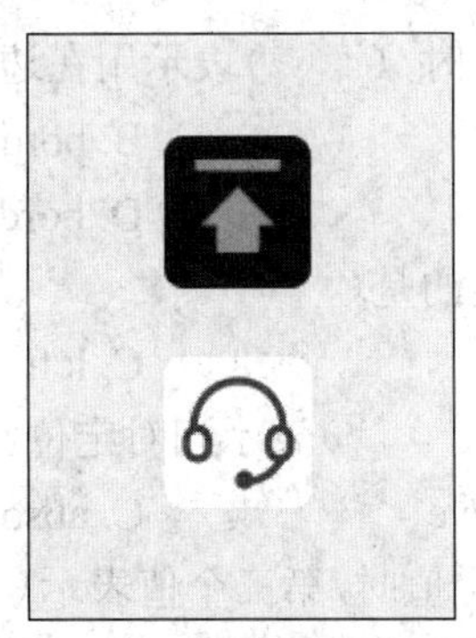

图 6-21　客服与回到顶部

本次任务通过对视频播放网页设计的探索和练习，重点熟悉了 CSS 的盒子模型以及实现盒子模型的重要数据和使用方法，如边距数据、边框属性、浮动属性以及定位属性，并在任务实施过程学会了如何使用盒子模型对页面进行布局以及进行元素定位和锚点定位，为制作网页打好基础。

margin	边缘	width	宽度
auto	自动	box	盒子
length	长度	spread	传播
background	背景	position	位置
bottom	底部	relative	相对的

1. 选择题

（1）用于设置边框宽度的属性为（　　）。

A. border-width　　B. border-style　　C. border-color　　D. border-length

(2)在设置使用图片作为边框时,(　　)表示用在边框的图片的路径。

A. border-image-slice　　B. border-image-url

C. border-image-source　　D. border-image-repeat

(3)CSS 浮动属性用于左浮动的是(　　)。

A. right　　B. clear　　C. left　　D. inherit

(4)使用 position 属性定位时(　　)表示相对定位。

A. right　　B. relative　　C. absolute　　D. fixed

(5)border-width 属性设置四个值时,第三个值表示(　　)。

A. 下边框宽度　　B. 左边框宽度　　C. 右边框宽度　　D. 上边框宽度

2. 简答题

(1)简述盒子模型组成。

(2)简述什么是相对定位和绝对定位。

3. 实操题

应用所学知识,完成某文库主界面的制作。

项目七　CSS 其他属性

通过对 CSS 其他属性的学习，了解属性的相关概念，熟悉类型转换属性、文本溢出属性的使用方法，掌握元素透明效果、鼠标指针修改以及网页自适应等相关操作，具有使用 CSS 其他属性实现购物网站制作的能力，在任务实施过程中：

- 了解属性的相关知识；
- 熟悉元素类型的转换以及文本溢出隐藏的使用方法；
- 掌握透明属性、鼠标指针属性以及自适应属性等相关操作；
- 具有实现购物网站制作的能力。

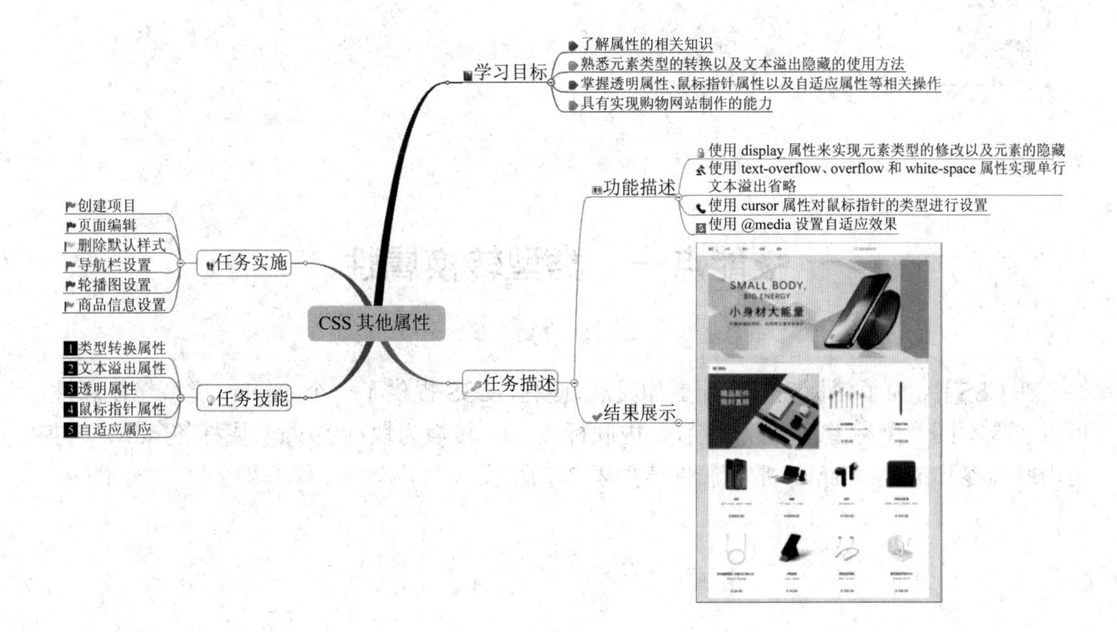

【情境导入】

随着时代的发展,网络购物已经渗透到人们的日常生活中。和传统的实体店购物不同,网购拥有更加广阔的发展前景,它在发展的过程中一直处于不断进步和完善的状态。由此可见,网购对人们的生活具有极大的影响,并且它在一定程度上改变了人们的生活方式和购物方式。本项目通过对 CSS 其他属性的讲解,完成购物网站的制作。

【任务描述】

- 使用 display 属性实现元素类型的修改以及元素的隐藏。
- 使用 text-overflow、overflow 和 white-space 属性实现单行文本溢出省略。
- 使用 cursor 属性对鼠标指针的类型进行设置。
- 使用 @media 设置自适应效果。

【效果展示】

通过对本项目的学习,了解类型转换、文本溢出、透明、鼠标指针、自适应等 CSS 其他属性,能够完成购物网站的制作,效果如图 7-1 所示。

技能点一　类型转换属性

在 CSS 中,为了使标签的使用更加灵活、便利,CSS 提供了一个 display 类型转换属性,可以实现不同类型标签的相互转换,如内联标签 <a> 转换为块标签 <a>、块标签 <div> 转换为内联标签 <div>。display 常用属性值如表 7-1 所示。

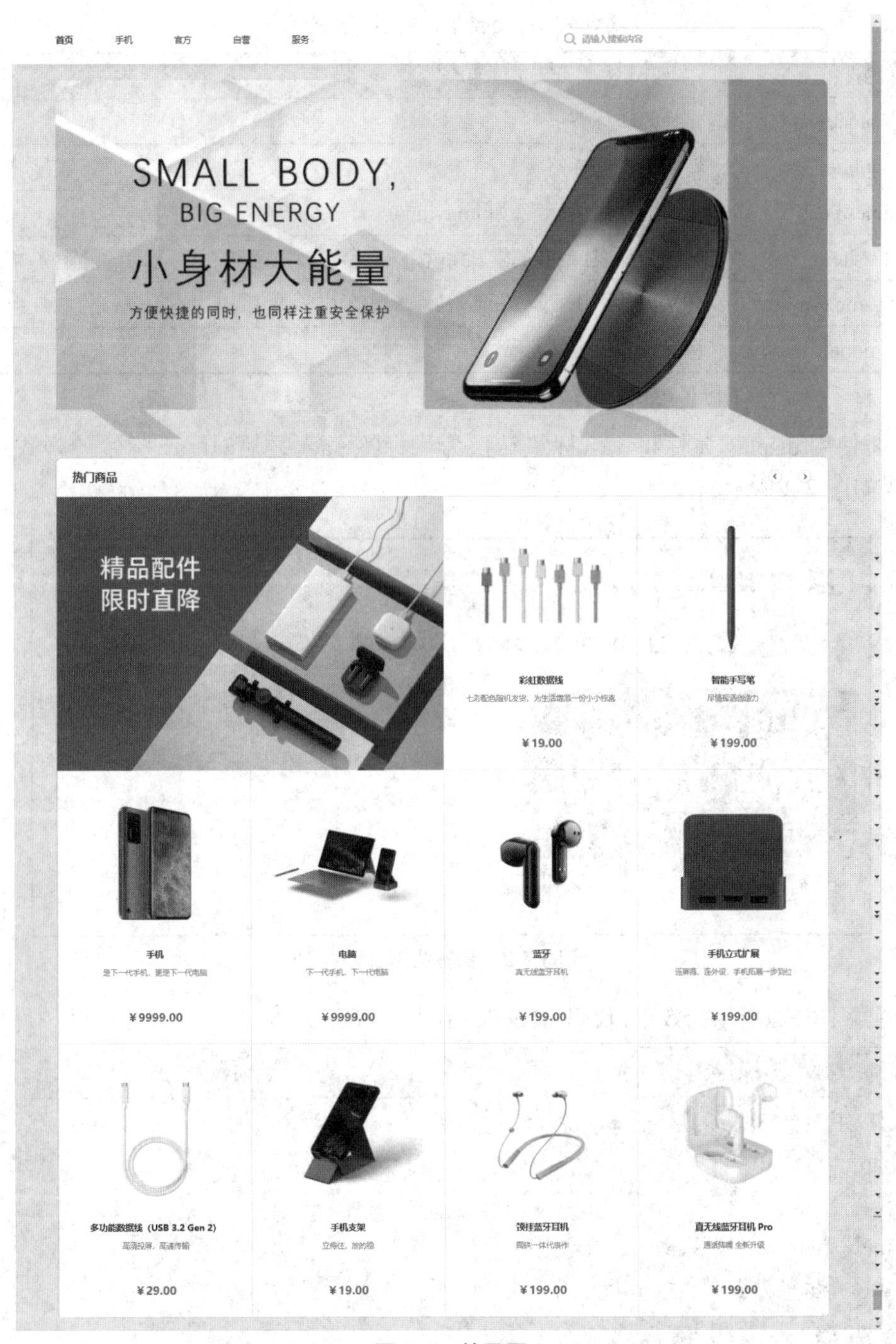
首页
手机
官方
自营
服务
请输入搜索内容
SMALL BODY,
BIG ENERGY
小身材大能量
方便快捷的同时，也同样注重安全保护
热门商品
精品配件
限时直降
彩虹数据线
¥19.00
智能手写笔
¥199.00
手机
是下一代手机，更是下一代电脑
¥9999.00
电脑
下一代手机，下一代电脑
¥9999.00
蓝牙
真无线蓝牙耳机
¥199.00
手机立式扩展
¥199.00
多功能数据线（USB 3.2 Gen 2)
高清投屏，高速传输
¥29.00
手机支架
¥19.00
颈挂蓝牙耳机
¥199.00
真无线蓝牙耳机 Pro
¥199.00

图 7-1　效果图

表 7-1 display 常用属性值

属性值	描述
block	转换为块标签
inline	转换为内联标签
inline-block	转换为行内块标签，如 img、input
list-item	转换为列表，是 li 的默认类型
-webkit/-moz/-o-box	转换为伸缩块
none	标签及其内容被隐藏

下面使用 display 属性将 <a> 标签转换为块标签 <a>，之后对 <a> 标签的样式进行设置，效果如图 7-2 所示。

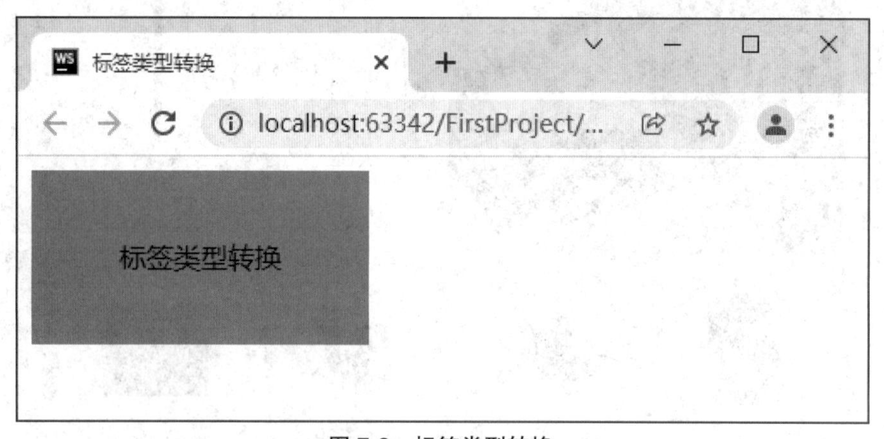

图 7-2 标签类型转换

为实现图 7-2 所示的效果，代码 CORE0701 如下所示。

代码 CORE0701: 标签类型转换

```
<!DOCTYPE html>
<html lang="en">
<head>
    <meta charset="UTF-8">
    <title> 标签类型转换 </title>
    <style>
        a{
            /* 类型转换 */
            display: block;
            /* 宽度 */
            width: 100px;
```

```
            /* 高度 */
            height: 100px;
            /* 背景颜色 */
            background: cadetblue;
            /* 水平居中 */
            text-align: center;
            /* 竖直居中 */
            line-height: 100px;
        }
    </style>
</head>
<body>
<a> 标签类型转换 </a>
</body>
</html>
```

需要注意的是，若 display 属性值为 none，则表示标签在 HTML 中被隐藏，此属性经常用来实现导航栏的显示与隐藏，效果如图 7-3 所示。

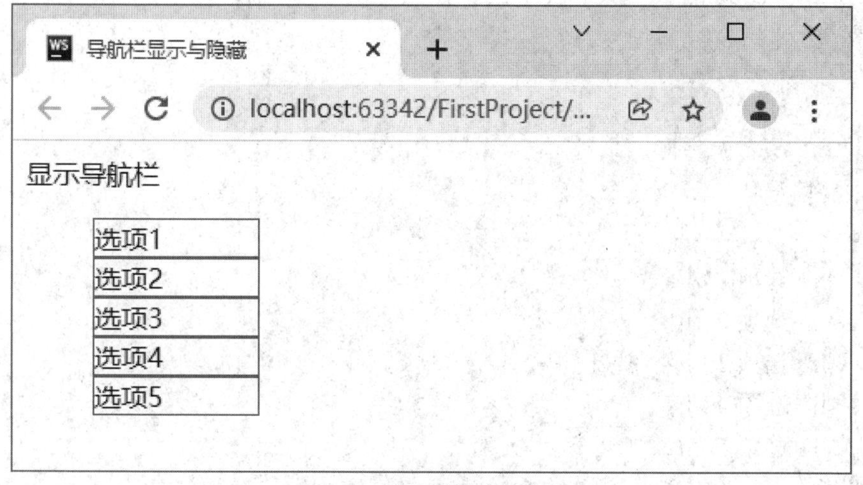

图 7-3 导航栏显示与隐藏

为实现图 7-3 所示的效果，代码 CORE0702 如下所示。

代码 CORE0702: 导航栏显示与隐藏

```
<!DOCTYPE html>
<html lang="en">
<head>
    <meta charset="UTF-8">
    <title> 导航栏显示与隐藏 </title>
```

```
    <style>
        *{
            /* 格式化自带样式 */
            list-style: none;
            text-decoration: none;
        }
        ul{
            /* 隐藏导航栏 */
            display: none;
            width: 100px;
        }
        li{
            border: 1px solid royalblue;
        }
        div:hover ul{
            /* 鼠标浮动到 div 后显示导航栏 */
            display: block;
        }
    </style>
</head>
<body>
<div>
    显示导航栏
    <ul>
        <li> 选项 1</li>
        <li> 选项 2</li>
        <li> 选项 3</li>
        <li> 选项 4</li>
        <li> 选项 5</li>
    </ul>
</div>
</body>
</html>
```

在 CSS 中，除了 display 属性能够实现标签及其内容的隐藏功能外，visibility 属性也可以实现此功能。相比于 display 属性，visibility 属性仅使标签及其内容不可见，在 HTML 文档中，标签所占空间没有改变；而 display 属性会将标签及其内容从 HTML 文档中移除，因此不会占用任何空间。visibility 属性值如表 7-2 所示。

表 7-2 visibility 属性值

属性值	描述
hidden	隐藏标签
visible	显示标签

使用 visibility 属性使 <div> 标签及其包含内容不可见，效果如图 7-4 所示。

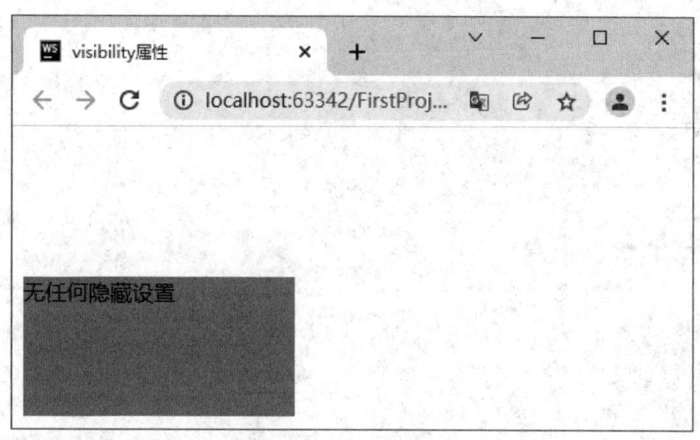

图 7-4 标签隐藏

为实现图 7-4 所示的效果，代码 CORE0703 如下所示。

代码 CORE0703: 标签隐藏

```
<!DOCTYPE html>
<html lang="en">
<head>
    <meta charset="UTF-8">
    <title>visibility 属性 </title>
    <style>
        div{
            /* 设置 div 样式 */
            width: 200px;
            height: 100px;
            background: cadetblue;
        }
        .div1{
            /*visibility 隐藏第一个 div*/
            visibility: hidden;
        }
```

代码 CORE0703: 标签隐藏

```
        .div2{
            /*display 移除第二个 div*/
            display: none;
        }
    </style>
</head>
<body>
<div class="div1">
    visibility 属性
</div>
<div class="div2">
    display 属性
</div>
<div class="div3">
    无任何隐藏设置
</div>
</body>
</html>
```

技能点二　文本溢出属性

在文本类的网页制作中，经常遇到文本内容超出显示区域的问题，也被称为文本溢出。目前，根据文本行数的不同，可以将文本溢出分为两类，分别是单行文本溢出和多行文本溢出。

1. 单行文本溢出

单行文本溢出省略，指所有内容被强制显示在一行并通过省略号"..."进行文本展示的情况。在 CSS 中，可以通过 overflow、white-space 和 text-overflow 3 个属性结合使用实现，属性说明如表 7-3 所示。

表 7-3　单行文本溢出属性

属性	描述
white-space	空白空间属性
overflow	容器溢出属性
text-overflow	标记设置属性

其中，white-space 属性是空白空间属性，可以对空白符（如空格、换行符等）进行处理，如删除换行符将文本强制在一行展示、删除文本中的空格等，常用属性值如表 7-4 所示。

表 7-4　white-space 常用属性值

属性值	描述
normal	默认处理方式，空白会被浏览器忽略
pre	不合并空白，类似 <pre> 标签
nowrap	文本不会换行，且被强制在一行展示，直到遇到 标签为止
pre-wrap	不合并空白，文本可以换行显示
pre-line	合并空白并保留换行符

使用 white-space 属性将文本内容强制在一行展示，效果如图 7-5 所示。

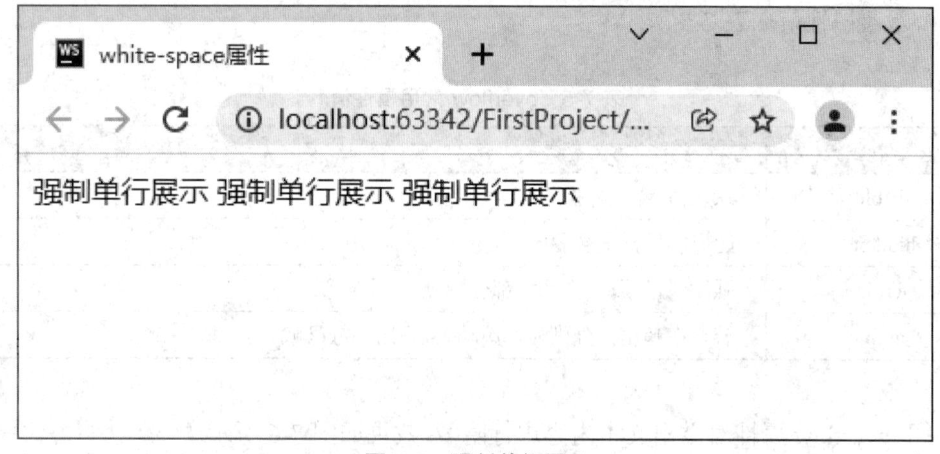

图 7-5　强制单行展示

为实现图 7-5 所示的效果，代码 CORE0704 如下所示。

代码 CORE0704: 强制单行展示

```
<!DOCTYPE html>
<html lang="en">
<head>
    <meta charset="UTF-8">
    <title>white-space 属性 </title>
    <style>
        div{
            width: 100px;
            /* 文本不会换行，且强制一行展示，直到遇到 br 标签为止 */
```

```
            white-space: nowrap;
        }
    </style>
</head>
<body>
<div>
    强制单行展示
    强制单行展示
    强制单行展示
</div>
</body>
</html>
```

overflow 属性是容器溢出属性，用于设置文本溢出后执行的诸如内容隐藏、显示滚动条等操作，常用属性值如表 7-5 所示。

表 7-5 overflow 常用属性值

属性值	描述
visible	默认值，无任何操作
hidden	超出容器部分被隐藏
scroll	强制显示滚动条，超出部分隐藏
auto	若存在超出部分则显示滚动条，超出部分隐藏

使用 overflow 属性对溢出文本内容进行隐藏，效果如图 7-6 所示。

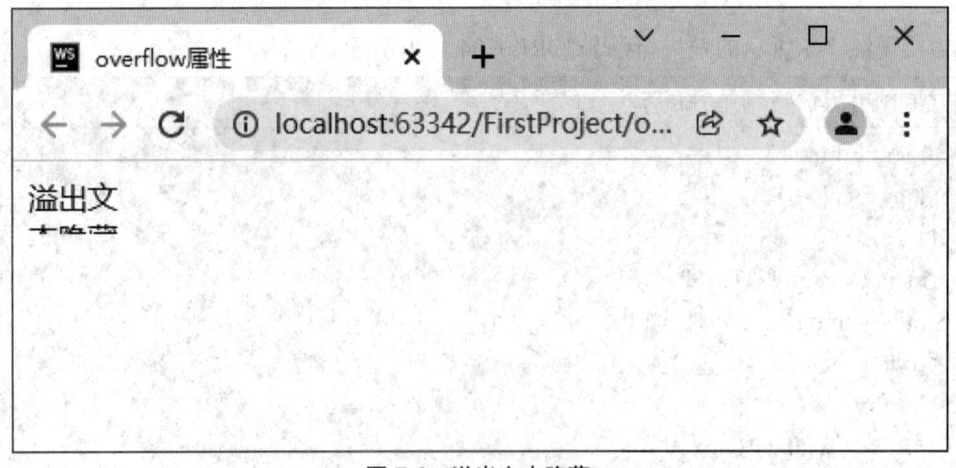

图 7-6 溢出文本隐藏

为实现图 7-6 所示的效果，代码 CORE0705 如下所示。

代码 CORE0705: 溢出文本隐藏

```
<!DOCTYPE html>
<html lang="en">
<head>
    <meta charset="UTF-8">
    <title>overflow 属性 </title>
    <style>
        div{
            width: 50px;
            height: 30px;
            /* 超出容器部分被隐藏 */
            overflow: hidden;
        }
    </style>
</head>
<body>
<div>
    溢出文本隐藏
    溢出文本隐藏
    溢出文本隐藏
</div>
</body>
</html>
```

text-overflow 属性是标记设置属性，用于在出现文本溢出的情况下设置省略标记是否显示，需与 overflow 和 white-space 属性结合发挥作用，常用属性值如表 7-6 所示。

表 7-6　text-overflow 常用属性值

属性值	描述
clip	不显示省略号
ellipsis	显示省略标记

使用 text-overflow 属性结合 overflow 和 white-space 属性实现单行文本溢出省略，效果如图 7-7 所示。

图 7-7　单行文本溢出省略

为实现图 7-7 所示的效果，代码 CORE0706 如下所示。

代码 CORE0706: 单行文本溢出省略

```
<!DOCTYPE html>
<html lang="en">
<head>
    <meta charset="UTF-8">
    <title> 单行文本溢出省略 </title>
    <style>
        div{
            width: 100px;
            /* 文本不会换行，且强制一行展示，直到遇到 <br> 标签为止 */
            white-space: nowrap;
            /* 超出容器部分被隐藏 */
            overflow: hidden;
            /* 显示省略标记 */
            text-overflow: ellipsis;
        }
    </style>
</head>
<body>
<div>
    单行文本溢出省略
    单行文本溢出省略
    单行文本溢出省略
</div>
</body>
</html>
```

2. 多行文本溢出

除了上述的单行文本溢出外，在进行简介等内容的设置时，通常需要进行多行文本溢出效果的制作，这时可以使用 CSS 中 WebKit 文本溢出的拓展属性，常用属性如表 7-7 所示。

表 7-7　多行文本溢出属性

属性	描述
display	类型转换
-webkit/-moz/-o-line-clamp	行数
-webkit/-moz/-o-box-orient	定义父元素的子元素排列方式

其中，box-orient 属性常用属性值如表 7-8 所示。

表 7-8　box-orient 属性值

属性值	描述
horizontal	水平排列，默认值
vertical	垂直排列

语法格式如下所示。

```
overflow: hidden;
text-overflow: ellipsis;
display: -webkit-box;
-webkit-line-clamp: n;
-webkit-box-orient: vertical;
```

需要注意的是，相比于单行文本溢出省略，多行文本溢出省略不需要使用 white-space 属性将文本强制在一行展示。

使用相关属性实现多行文本溢出省略，效果如图 7-8 所示。

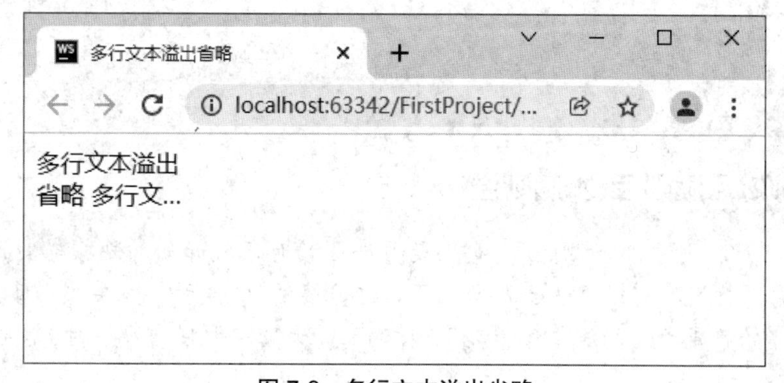

图 7-8　多行文本溢出省略

为实现图 7-8 所示的效果,代码 CORE0707 如下所示。

代码 CORE0707: 多行文本溢出省略

```
<!DOCTYPE html>
<html lang="en">
<head>
    <meta charset="UTF-8">
    <title> 多行文本溢出省略 </title>
    <style>
        div{
            width: 100px;
            /* 超出容器部分被隐藏 */
            overflow: hidden;
            /* 显示省略标记 */
            text-overflow: ellipsis;
            /* 强制类型转换 */
            display: -webkit-box;
            /* 前 2 行省略 */
            -webkit-line-clamp: 2;
            /* 子元素垂直排列 */
            -webkit-box-orient: vertical;
        }
    </style>
</head>
<body>
<div>
    多行文本溢出省略
    多行文本溢出省略
    多行文本溢出省略
</div>
</body>
</html>
```

课程思政:月满则亏,水满则溢

古人云:“月满则亏,水满则溢”,意思是月亮圆的时候就开始向缺损转变,水满了就会溢出来。比喻事物发展到极至就会开始衰落。这句俗语,出自于《易·丰》:“日中则昃,月盈则食。”任何事物都是矛盾的统一体,都有正反两面。大家在做任何事情时,都要适可而止。

技能点三　透明属性

轮播图是电商类网站中经常使用的功能，即让一组宽高相同的图片通过偏移量和定时器的设置滚动播放。除了移动式的轮播图外，还存在一种虚化式的轮播方式，就是让图片通过淡入淡出的方式进行轮播，这种方式被称为透明度轮播。

在 CSS 中，透明度的设置需要使用透明属性。目前，有两种设置透明度的属性，分别是 opacity 属性和 filter 属性。

1. opacity 属性

opacity 属性是一个专门用于设置透明度的属性，可以通过接受从 0.0（完全透明）到 1.0（完全不透明）的属性值指定标签的透明度，语法格式如下所示。

```
opacity:value
```

使用 opacity 属性实现标签透明度的设置，效果如图 7-9 所示。

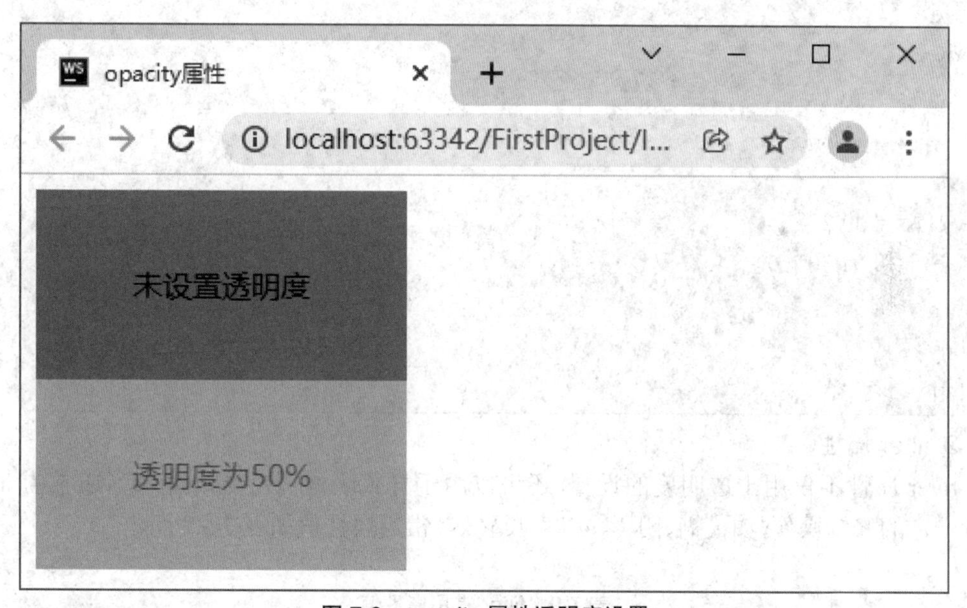

图 7-9　opacity 属性透明度设置

为实现图 7-9 所示的效果，代码 CORE0708 如下所示。

代码 CORE0708: 属性透明度设置

```
<!DOCTYPE html>
<html lang="en">
<head>
    <meta charset="UTF-8">
```

```
    <title> 透明度设置 </title>
    <style>
        div{
            /* 设置 div 样式 */
            width: 200px;
            height: 100px;
            text-align: center;
            line-height: 100px;
            background: cadetblue;
        }
        .div2{
            /* 设置透明度 */
            opacity: 0.5;
        }
    </style>
</head>
<body>
<div class="div1">
    未设置透明度
</div>
<div class="div2">
    透明度为 50%
</div>
</body>
</html>
```

2. filter 属性

filter 属性不仅用于透明度的设置，还可以用于样式表滤镜功能，对标签（通常为 img）进行一定的修饰操作，如模糊、阴影、灰度、反转等，常用属性值如表 7-9 所示。

表 7-9 filter 常用属性值

属性值	描述
none	默认值，无任何效果
opacity(%)	透明度设置，值为 0%（完全透明）到 100%（图像无变化）
blur(px)	模糊设置，默认是 0
brightness(%)	亮度设置，值为 0%（全黑）到 100%（图像无变化）

续表

属性值	描述
drop-shadow(h-shadow v-shadow blur spread color)	存在超出部分则显示滚动条，超出部分隐藏。 h-shadow：水平阴影位置 v-shadow：垂直阴影位置 blur：模糊距离 spread：阴影大小 color：阴影颜色
grayscale(%)	灰度设置，值为 0%（图像无变化）到 100%（全灰）
invert(%)	反转设置，值为 0%（图像无变化）到 100%（完全反转）
sepia(%)	深褐色设置，值为 0%（图像无变化）到 100%（完全为深褐色）

使用 filter 属性对图像的透明度、模糊度和灰度进行设置，效果如图 7-10 所示。

图 7-10　filter 属性图像设置

为实现图 7-10 所示的效果，代码 CORE0709 如下所示。

代码 CORE0709: filter 属性图像设置

```
<!DOCTYPE html>
<html lang="en">
<head>
    <meta charset="UTF-8">
    <title>filter 属性 </title>
    <style>
```

```
        img{
            /*opacity(50%): 透明度
            blur(5px): 模糊度
            grayscale(100%): 灰度 */
            filter: opacity(50%) blur(5px) grayscale(100%);
        }
    </style>
</head>
<body>
<img src="HTML5.png">
</body>
</html>
```

技能点四　鼠标指针属性

在浏览网页时，经常看到的鼠标光标有箭头、手形、沙漏等形状，这些形状是由浏览器负责控制的。大多数情况下光标形状为箭头形状，当指向链接时，光标形状会变成手形。

在 CSS 中，cursor 属性可以指定当鼠标指针处于一个元素边界范围内时光标显示的形状，也就是光标类型，常用属性值如表 7-10 所示。

表 7-10　cursor 常用属性值

属性值	描述
default	默认光标，通常为一个箭头
auto	浏览器设置光标
pointer	指示链接的指针，通常显示为手形
crosshair	表示十字线
move	表示对象可被移动
e-resize	表示边缘可被向右移动
ne-resize	表示边缘可被向上及向右移动
nw-resize	表示边缘可被向上及向左移动
n-resize	表示边缘可被向上移动
se-resize	表示边缘可被向下及向右移动
sw-resize	表示边缘可被向下及向左移动
s-resize	表示边缘可被向下移动

续表

属性值	描述
w-resize	表示边缘可被向左移动
text	表示文本
wait	表示程序正忙，通常显示为一只表或一个沙漏
help	表示帮助
url()	引用图片作为指针类型

使用 cursor 属性对鼠标指针的类型进行设置，将其修改为链接指针，效果如图 7-11 所示。

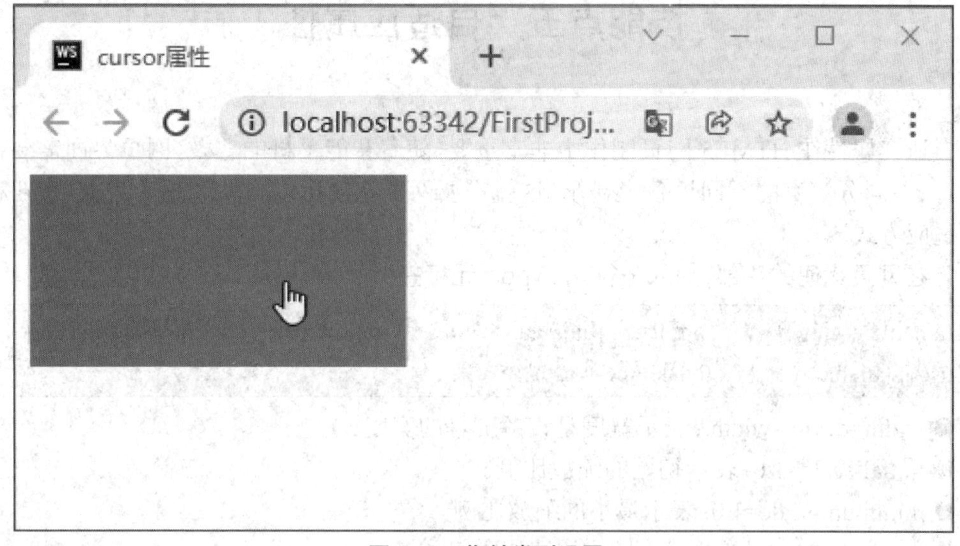

图 7-11　指针类型设置

为实现图 7-11 所示的效果，代码 CORE0710 如下所示。

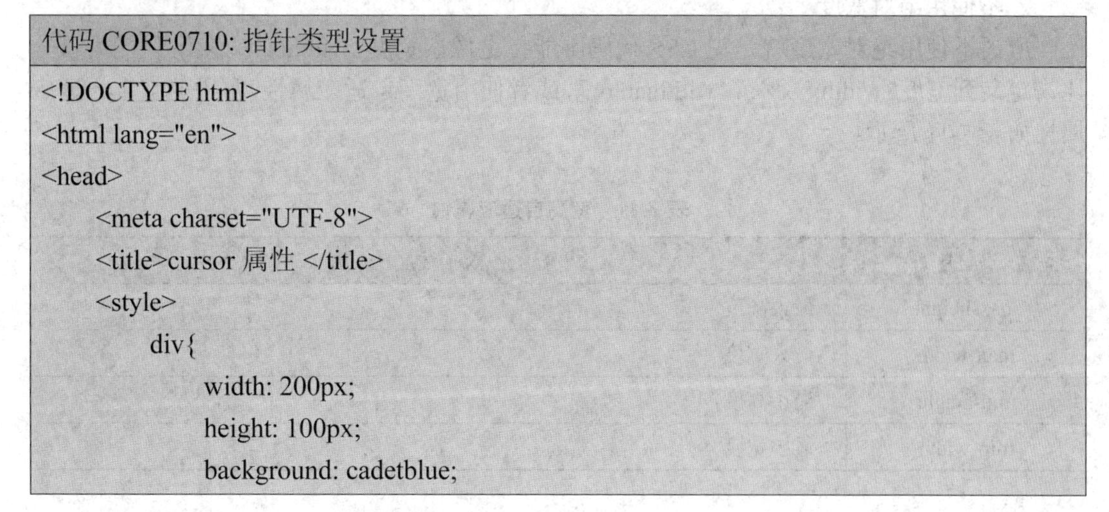

代码 CORE0710: 指针类型设置

```
<!DOCTYPE html>
<html lang="en">
<head>
    <meta charset="UTF-8">
    <title>cursor 属性 </title>
    <style>
        div{
            width: 200px;
            height: 100px;
            background: cadetblue;
```

```
            /* 设置指针类型 */
            cursor: pointer;
        }
    </style>
</head>
<body>
<div></div>
</body>
</html>
```

技能点五　自适应属性

自适应属性在 HTML5 网页制作中非常重要，随着智能手机的普及，网页界面需要在不同窗口、不同分辨率的不同设备上显示，这就需要网页宽度可以自动调整。目前，有四种屏幕自适应方式。

1. 在网页代码的头部，加入一行 viewport 元标签

```
<meta name="viewport" content="initial-scale=1.0, maximum-scale=1.0, minimum-scale=
1.0, user-scalable=yes, width=device-width"/>
```

- width=device-width：表示宽度是设备屏幕的宽度。
- initial-scale=1.0：表示初始的缩放比例。
- minimum-scale=1.0：表示最小的缩放比例。
- maximum-scale=1.0：表示最大的缩放比例。
- user-scalable=yes：表示用户是否可以调整缩放比例。

2. 不使用绝对宽度

所谓不使用绝对宽度就是说 CSS 代码不能指定像素宽度"width:xxx px;"，只能用百分比来定义列宽度"width: xx%;""width:auto;"，或者使用宽高自适应属性，常用的宽高自适应属性如表 7-11 所示。

表 7-11　宽高自适应属性

属性	描述
max-height	最大高度
max-width	最大宽度
min-height	最小高度
min-width	最小宽度

3. Media Query 模块

Media Query 模块可自动探测屏幕宽度，并加载相应的 CSS 文件。如：media="screen and (max-device-width: 300px)"href="tiny.css" /> 表示如果屏幕宽度小于 300 px（max-device-width: 300px），就加载 tiny.css 文件；media="screen and (min-width: 300px) and (max-device-width: 600px)" href="small.css" /> 表示如果屏幕宽度在 300 到 600 px 之间，则加载 small.css 文件。

4. @media

@media 规则用于在同一个 CSS 文件中，根据不同的屏幕分辨率，选择不同的 CSS 规则。语法格式如下所示。

```
@media screen and ( 尺寸区间 ){
    /*CSS 样式 */
}
```

其中，尺寸区间除了可以使用上面的宽高自适应属性定义外，CSS 还提供其他自适应属性，如表 7-12 所示。

表 7-12　其他自适应属性

属性	描述
device-aspect-ratio	屏幕可见宽度与高度的比例
device-height	屏幕可见高度
device-width	屏幕可见宽度
max-device-aspect-ratio	屏幕可见宽度与高度的最大比例
min-device-aspect-ratio	屏幕可见宽度与高度的最小比例
max-device-height	屏幕可见的最大高度
max-device-width	屏幕可见的最大宽度
min-device-height	屏幕可见的最小高度
min-device-width	屏幕可见的最小宽度

课程思政：团队协作，统筹兼顾

“一个和尚挑水喝，两个和尚抬水喝，三个和尚没水喝”“一只蚂蚁来搬米，搬来搬去搬不起，两只蚂蚁来搬米，身体晃来又晃去，三只蚂蚁来搬米，轻轻抬着进洞里”，这两首童谣，有着两种截然不同的结果。三个和尚互相推诿、不讲协作，因此“没水喝”；而三只蚂蚁团结协作，齐心协力，因此可以将米抬进洞里。团结协作是事业成功的基础，只有依靠团结的力量，把个人的愿望和团队的目标结合起来，超越个体的局限，发挥集体的协作作用，才能产生“1 加 1 大于 2”的效果。

通过对本任务的学习，了解 CSS 类型转换、文本溢出、透明、鼠标指针以及自适应等属性，通过以下几个步骤，完成网页的自适应设计。

第一步：在文本编辑器中创建一个 HTML5 文件和当前项目所需的所有 CSS 文件，并使用外部引用的方式将其引入 HTML5 中，代码 CORE0711 如下所示。

代码 CORE0711: 引入 CSS 文件

```
<!DOCTYPE html>
<html lang="en">
<head>
    <meta charset="UTF-8">
    <!-- 自适应 -->
    <meta name="viewport" content="width=device-width, user-scalable=no, initial-scale=1.0, maximum-scale=1.0, minimum-scale=1.0"/>
    <title> 商城 </title>
    <!-- 通用 CSS-->
    <link rel="stylesheet" href="css/common.css">
    <!-- 导航栏 CSS-->
    <link rel="stylesheet" href="css/nav.css">
    <!-- 轮播图 CSS-->
    <link rel="stylesheet" href="css/slideshow.css">
    <!-- 热门商品 CSS-->
    <link rel="stylesheet" href="css/partslist.css">
</head>
<body>
</body>
</html>
```

第二步：在 <body> 标签中，使用不同的 HTML5 标签对页面内容进行编写，主要包括导航栏、轮播图和商品展示。其中，导航栏使用无序列表标签实现；轮播图使用 <img> 标签实现；而商品展示使用自定义列表标签实现，代码 CORE0712 如下所示。

代码 CORE0712: 导航栏、轮播图和商品展示

```
<!-- 设置页面整体背景 -->
<body style="background: #ededed;">
<!-- 导航内容 -->
```

```
<div id="nav">
    <div>
        <ul>
            <li><a href="#"> 首页 </a></li>
            <li><a href="#"> 手机 </a></li>
            <li><a href="#"> 官方 </a></li>
            <li><a href="#"> 自营 </a></li>
            <li><a href="#"> 服务 </a></li>
        </ul>
        <!-- 搜索框 -->
        <p>
            <!-- 搜索图标 -->
            <img src="imgs/find.png">
            <input type="text" placeholder=" 请输入搜索内容 ">
        </p>
    </div>
</div>
<!-- 轮播图 -->
<div id="slideshow">
    <img src="imgs/slides.png">
</div>
<!-- 热门商品 -->
<div id="partslist">
    <!-- 标题内容 -->
    <div class="p_title">
        <div> 热门商品 </div>
        <p>
            <!-- 角标图片 -->
            <img src="imgs/gts.png">
            <img src="imgs/gts.png">
        </p>
    </div>
    <!-- 商品内容 -->
    <div class="product">
        <!-- 推广图片 -->
        <div>
            <img src="imgs/format.png">
        </div>
```

```
        <!-- 商品内容 -->
        <a href="#">
            <dl>
                <!-- 商品图片 -->
                <dt><img src="imgs/parts-1.jpg"></dt>
                <!-- 商品名称 -->
                <dd class="p_name"> 彩虹数据线 </dd>
                <!-- 商品简介 -->
                <dd class="p_context"> 七彩配色随机发货，为生活增添一份小小惊喜
</dd>
                <!-- 商品价格 -->
                <dd class="p_price"> ￥19.00</dd>
            </dl>
        </a>
        <a href="#">
            <dl>
                <dt><img src="imgs/parts-2.png"></dt>
                <dd class="p_name"> 智能手写笔 </dd>
                <dd class="p_context"> 尽情挥洒创造力 </dd>
                <dd class="p_price"> ￥199.00</dd>
            </dl>
        </a>
        <a href="#">
            <dl>
                <dt><img src="imgs/p1.png"></dt>
                <dd class="p_name"> 手机 </dd>
                <dd class="p_context"> 是下一代手机，更是下一代电脑 </dd>
                <dd class="p_price"> ￥9999.00</dd>
            </dl>
        </a>
        <a href="#">
            <dl>
                <dt><img src="imgs/p2.png"></dt>
                <dd class="p_name"> 电脑 </dd>
                <dd class="p_context"> 下一代手机，下一代电脑 </dd>
                <dd class="p_price"> ￥9999.00</dd>
            </dl>
```

```
    </a>
    <a href="#">
        <dl>
            <dt><img src="imgs/p3.jpg"></dt>
            <dd class="p_name"> 蓝牙 </dd>
            <dd class="p_context"> 真无线蓝牙耳机 </dd>
            <dd class="p_price"> ¥199.00</dd>
        </dl>
    </a>
    <a href="#">
        <dl>
            <dt><img src="imgs/p4.png"></dt>
            <dd class="p_name"> 手机立式扩展 </dd>
            <dd class="p_context"> 连屏幕，连外设，手机拓展一步到位 </dd>
            <dd class="p_price"> ¥199.00</dd>
        </dl>
    </a>
    <a href="#">
        <dl>
            <dt><img src="imgs/parts-3.png"></dt>
            <dd class="p_name"> 多功能数据线（USB 3.2 Gen 2）</dd>
            <dd class="p_context"> 高清投屏，高速传输 </dd>
            <dd class="p_price"> ¥29.00</dd>
        </dl>
    </a>
    <a href="#">
        <dl>
            <dt><img src="imgs/parts-4.png"></dt>
            <dd class="p_name"> 手机支架 </dd>
            <dd class="p_context"> 立得住，放得稳 </dd>
            <dd class="p_price"> ¥19.00</dd>
        </dl>
    </a>
    <a href="#">
        <dl>
            <dt><img src="imgs/parts-5.jpg"></dt>
            <dd class="p_name"> 颈挂蓝牙耳机 </dd>
```

```
                <dd class="p_context"> 圈铁一体代表作 </dd>
                <dd class="p_price"> ￥199.00</dd>
            </dl>
        </a>
        <a href="#">
            <dl>
                <dt><img src="imgs/parts-6.png"></dt>
                <dd class="p_name"> 真无线蓝牙耳机 Pro</dd>
                <dd class="p_context"> 通话降噪 全新升级 </dd>
                <dd class="p_price"> ￥199.00</dd>
            </dl>
        </a>
    </div>
</div>
</body>
```

效果如图 7-12 所示。

图 7-12 页面编辑

第三步：在 common.css 文件中，使用通配符选择器将 HTML5 中所有标签默认的外边距、内边距、边框样式删除，以及 <a> 标签的默认文本样式和列表的默认符号类型删除，代码 CORE0713 如下所示。

代码 CORE0713：删除默认样式

```
/* 删除标签默认值 */
*{
    margin: 0;
    padding: 0;
    border: 0;
}
/* 删除 a 标签默认样式 */
a{
    text-decoration: none;
}
/* 删除列表默认符号类型 */
ul{
    list-style: none;
}
```

效果如图 7-13 所示。

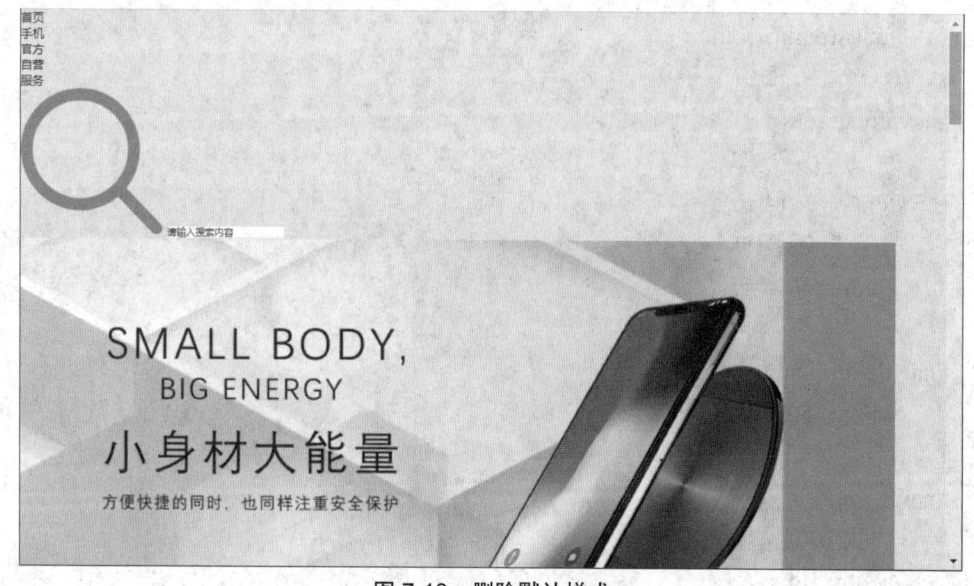

图 7-13　删除默认样式

第四步：在 nav.css 文件中对导航栏样式进行设置，首先使用浮动属性将导航项并列显示；其次对导航项中包含的文字样式以及边距进行设置；最后对搜索区域进行设置，主要包括搜索图标大小、位置以及输入框的宽度、选中效果和输入框提示内容的字体，并在进行样式的设置时使用 @media 设置自适应效果，代码 CORE0714 如下所示。

代码 CORE0714: 导航栏设置

```
/* 自适应设置,最大宽度为 1500px*/
@media screen and (max-width: 1500px){
    #nav{
        /* 背景颜色 */
        background: #fff;
        /* 设置阴影 */
        box-shadow: 5px 5px 10px #e1e1e1;
        /* 绝对定位 */
        position: fixed;
        /* 上边距 */
        top: 0;
        /* 堆叠顺序 */
        z-index: 10000;
    }
    #nav div ul li:first-child{
        /* 设置文字粗细 */
        font-weight: bolder;
    }
    #nav div ul li a{
        /* 文字大小 */
        font-size: 14px;
        /* 文字颜色 */
        color: #4c4c4c;
    }
    #nav div ul li a:hover{
        color: #5079d9;
    }
    #nav p img{
        /* 宽度 */
        width: 18px;
        /* 高度 */
        height: 18px;
        /* 左浮动 */
        float: left;
```

```
        /*margin 的左、上、右边距 */
        margin-left: 10px;
        margin-top: 8px;
        margin-right: 10px;
}
#nav p img:hover{
        /* 指针设置 */
        cursor: pointer;
}
#nav{
        width: 100%;
}
#nav div{
        width: 90%;
        height: 76px;
        /* 设置高度和行高实现垂直居中 */
        line-height: 76px;
        /* 横向居中 */
        margin: 0 auto;
}
#nav div ul{
        width: 60%;
        float: left;
}
#nav div ul li{
        float: left;
        margin-right: 9%;
}
#nav p{
        width: 35%;
        height: 34px;
        line-height: 34px;
        /* 右浮动 */
        float: right;
        /* 边框 */
        border: 1px #ebebeb solid;
        /* 圆角 */
```

```
            border-radius: 17px;
            margin-top: 20px;
        }
        #nav p input{
            width: 70%;
            /* 文字粗细程度 */
            font-weight: bolder;
            border: none;
            /* 去除选中框 */
            outline: none;
        }
        #nav p input::placeholder{
            color: #c0c0c0;
            font-size: 14px;
        }
}
/* 自适应设置，宽度为 900px 到 1500px*/
@media screen and (max-width: 900px){
        #nav div{
            height: 60px;
            line-height: 60px;
        }
        #nav p{
            margin-top: 13px;
        }
        /* 设置 input 标签中提示信息的字体大小 */
        #nav p input::placeholder{
            font-size: 12px;
        }
}
/* 自适应设置，宽度为 700px 到 900px*/
@media screen and (max-width: 700px){
        #nav div{
            height: 40px;
            line-height: 40px;
        }
```

```
    #nav div ul{
        width: 93%;
    }
    #nav p{
        margin-top: 4px;
    }
    #nav p input{
        /* 隐藏标签 */
        display: none;
    }
    #nav p{
        width: 7%;
        border: none;
    }
}
```

效果如图 7-14 所示。

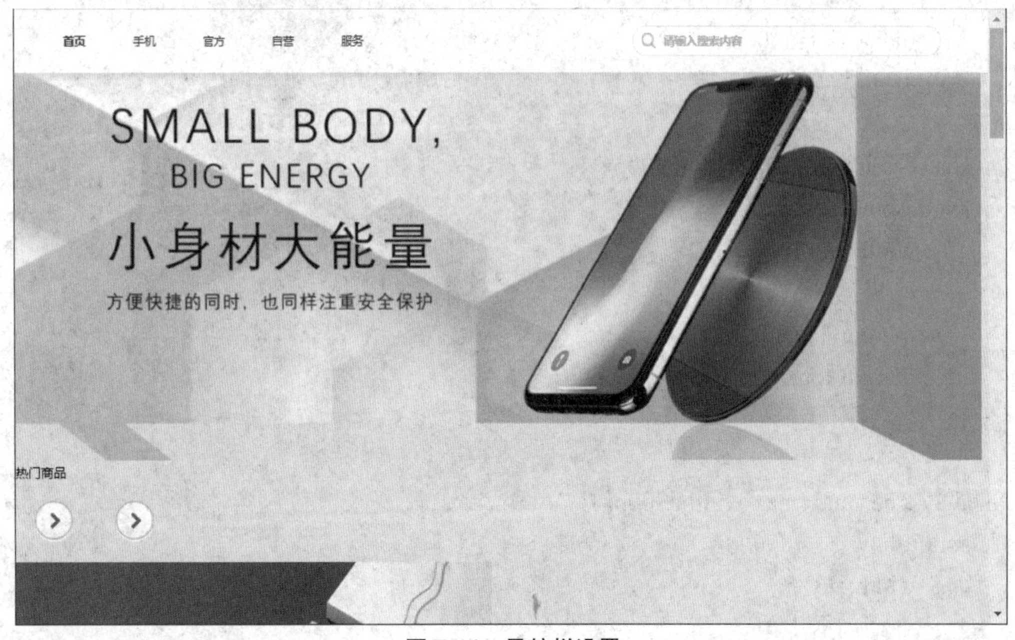

图 7-14　导航栏设置

第五步：在 slideshow.css 文件中对轮播图样式进行编辑，首先设置图片的宽度，这里采用百分比的方式，可以使图片随着屏幕增减进行改变；其次将图片设置为横向居中，并设置上下边距；最后进行鼠标指针的设置，当鼠标处于图片上方时，鼠标变为手形，代码 CORE0715 如下所示。

代码 CORE0715: 轮播图设置

```
#slideshow img{
    width: 100%;
    height: 100%;
    /* 圆角 */
    border-radius: 10px;
}
#slideshow img:hover{
    /* 指针样式 */
    cursor: pointer;
}
@media screen and (max-width: 1500px){
    #slideshow{
        width: 90%;
        /* 横向居中 */
        margin: 0 auto;
        /* 上边距 */
        margin-top: 101px;
    }
}
@media screen and (max-width: 900px){
    #slideshow{
        width: 93%;
        /* 横向居中 */
        margin: 0 auto;
        margin-top: 78px;
    }
}
@media screen and (max-width: 700px){
    #slideshow{
        width: 96%;
        /* 横向居中 */
        margin: 0 auto;
        margin-top: 53px;
    }
}
```

效果如图 7-15 所示。

图 7-15　轮播图设置

第六步：在 partslist.css 文件中对商品信息的样式进行编辑，首先设置标题名称垂直居中并且距离左边有一定的间距；其次在商品区域设置商品图片的大小以及字体大小、颜色、粗细程度等；最后对鼠标指针效果进行设置，包含指针样式和阴影效果，代码 CORE0716 如下所示。

代码 CORE0716: 商品信息设置

```
@media screen and (max-width: 1500px){
    #partslist{
        width: 90%;
        /* 添加边框 */
        border: 1px #dbdbdb solid;
        /* 圆角 */
        border-radius: 10px;
        /* 上下边距为 25，左右居中 */
        margin: 25px auto;
        /* 溢出隐藏 */
        overflow: hidden;
        /* 背景颜色 */
        background: #fafafa;
    }
    .p_title{
        width: 100%;
```

```
        height: 60px;
        /* 添加下边框 */
        border-bottom: 1px #dbdbdb solid;
        background: #ffffff;
    }
    .p_title div{
        /* 字体大小 */
        font-size: 18px;
        /* 粗细程度 */
        font-weight: bolder;
        /* 颜色 */
        color: #666;
        /* 行高 */
        line-height: 60px;
        /* 左浮动 */
        float: left;
        /* 左边距 */
        margin-left: 25px;
    }
    .p_title p img{
        /* 设置图片大小和上边距 */
        width: 44px;
        height: 44px;
        margin-top: 8px;
    }
    .p_title p{
        /* 右浮动 */
        float: right;
        /* 右外边距 */
        margin-right: 15px;
    }
    .p_title p img:first-child{
        /* 图片旋转 180°  */
        transform: rotate(180deg);
    }
    .p_title p img:hover{
```

```
    /* 指针样式 */
    cursor: pointer;
}
/* 图片样式 */
.product div{
    /* 宽度 */
    width: 50%;
    /* 高度 */
    height: 430px;
    /* 左浮动 */
    float: left;
    /* 溢出隐藏 */
    overflow: hidden;
}
.product div img{
    width: 100%;
    height: 100%;
    float: left;
}
.product div img:hover{
    cursor: pointer;
}
.product a{
    /* 转换元素类型 */
    display: block;
    /* 设置为 25% 每行可以放置四个商品 */
    width: 25%;
    height: 430px;
    float: left;
    /* 固定宽高 */
    box-sizing: border-box;
    /* 左边框 */
    border-left: 1px #efefef solid;
    /* 添加下边框 */
    border-bottom: 1px #efefef solid;
    /* 相对定位 */
```

```
    position: relative;
    /* 文字水平居中 */
    text-align: center;
    /* 背景颜色 */
    background: #ffffff;
    /* 设置下内边距 */
    padding-bottom: 2%;
}
.product a:first-child{
    /* 删除第一个商品左边距 */
    border-left: none;
}
.product dl dt img{
    display: block;
    width: 80%;
    height: 230px;
    margin: 30px auto 20px;
}
.product .p_price{
    margin-top: 50px;
}
.product a:hover{
    cursor: pointer;
    /* 浮动阴影效果 */
    box-shadow: inset 0 0 38px rgb(0 0 0/0.08);
}
.product dl{
    width: 100%;
}
.product dl dd{
    width: 90%;
    /* 横向居中 */
    margin: 0 auto;
    /* 单行省略号添加 */
    white-space: nowrap;
```

```
        text-overflow: ellipsis;
        overflow: hidden;
    }
    .p_name{
        /* 文字大小 */
        font-size: 14px;
        /* 文字粗细程度 */
        font-weight: 700;
        /* 文字颜色 */
        color: #333;
    }
    .product .p_context{
        font-size: 12px;
        color: #999;
        margin-top: 12px;
    }
    .product .p_price{
        margin-left: 5%;
        color: #d44 d44;
        font-size: 18px;
        font-weight: bolder;
    }
}
@media screen and (max-width: 900px){
    #partslist {
        width: 93%;
        margin-top: 18px;
    }
    /* 图片容器宽度 */
    .product div{
        width: 66.6%;
    }
    .product a {
        /* 设置为 33.3% 每行可以放置三个商品 */
```

```
        width: 33.3%;
    }
}
@media screen and (max-width: 700px){
    #partslist{
        width: 100%;
        margin-top: 13px;
        border-radius: 0;
        border: none;
    }
    .p_title{
        width: 100%;
        height: 40px;
    }
    .p_title div{
        /* 设置行高，使文字垂直居中 */
        line-height: 40px;
        /* 左边距 */
        margin-left: 15px;
    }
    .product div{
        height: 380px;
    }
    .p_title p{
        position: absolute;
        right: 0;
    }
    .p_title p img{
        margin-top: -1px;
    }
    /* 商品容器 */
    .product{
        /* 左浮动 */
        float: left;
    }
```

```
    .product a{
        /* 设置宽度 */
        width: 47%;
        /* 上边距 */
        margin-top: 10px;
        /* 左边距 */
        margin-left: 2%;
        border: 1px #efefef solid;
    }
    /* 商品图片 */
    .product dl dt img{
        display: block;
        width: 58%;
        height: 260px;
    }
    /* 商品金额 */
    .product .p_price{
        margin-top: 15px;
        /* 填充下内边距 */
        padding-bottom: 15px;
    }
    .product div{
        width: 100%;
        float: left;
        overflow: hidden;
    }
}
@media screen and (max-width: 500px){
    .product div{
        height: 280px;
    }
}
```

效果如图 7-16 所示。

图 7-16　商品信息设置

本项目通过对购物网站的实现，对 HTML5 属性的相关概念有了初步了解，对类型转换属性、文本溢出属性、透明属性、鼠标指针属性以及自适应属性有所了解和掌握，并能够通过所学的 CSS 其他属性知识实现购物网站制作。

block	块	clip	修剪
inline	内联	ellipsis	省略
hidden	隐藏的	opacity	模糊
visibility	可见度	filter	过滤
overflow	溢出	default	默认
scroll	滚动	media	媒体

1. 选择题

（1）display 属性的常用属性值中，表示内联标签的是（　　）。

A. inline　　B. inline-block　　C. list-item　　D. block

（2）文本溢出分为（　　）类。

A. 1　　B. 2　　C. 3　　D. 4

（3）filter 属性能实现的操作不包括（　　）。

A. 模糊　　B. 阴影　　C. 反转　　D. 层叠

（4）cursor 属性值中，表示十字线的是（　　）。

A. pointer　　B. auto　　C. crosshair　　D. move

（5）目前，HTML5 中有（　　）种屏幕自适应方式。

A. 1　　B. 2　　C. 3　　D. 4

2. 简答题

（1）简述屏幕自适应的方式。

（2）简述 @media 的使用方式。

3. 实操题

编写代码，通过 HTML5 基本标签与 CSS 相关属性的结合，实现购物网站的制作。

登录 或 免费注册
我的帐号
我的购物车
我的收藏
我的站内信
积分中心
Global site
关注我们
面膜
搜索
全部分类
面部护肤
彩妆
限时特卖
贵宾专享
清仓特卖
所有品牌
面部护肤
彩妆
香水
健康美肌
纤体美胸
个人护理
男士专区
孕婴护理
实现逆龄奇迹 改写肌肤命运
全场低至3.9折
满￥249包邮
全球采购 海淘so easy
正品保证
香港直邮
30天退换保证
香港上市
每日必看 MUST CHECK
全场低至3.2折
抗衰老品牌
立即疯抢
全场低至2.9折
让肌肤水嫩嫩
立即疯抢
全场低至3.2折
激活青春
立即疯抢
全场低至1.5折
顶级抗衰老品牌
立即疯抢

项目八　CSS3 动画

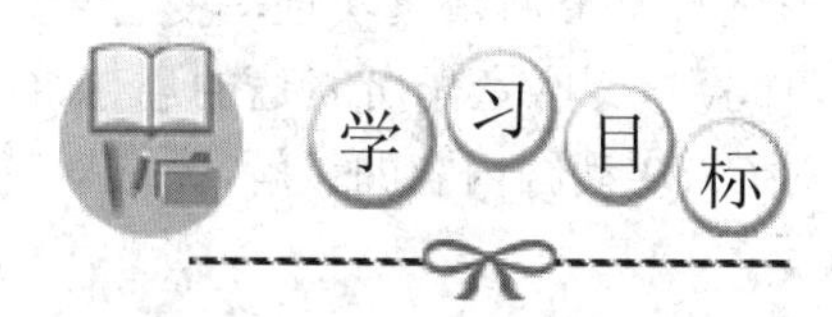

通过对 CSS3 动画的学习，了解动画的相关概念，熟悉 CSS3 过渡属性、CSS3 变形属性的使用方法，掌握实现 CSS3 动画效果的相关操作，具有使用 CSS3 动画属性实现网页中动态内容添加的能力，在任务实施过程中：

- 了解动画的相关知识；
- 熟悉 CSS 过渡效果和 CSS 变形效果的使用方法；
- 掌握实现 CSS3 动画效果的相关操作；
- 具有实现网页中动态内容添加的能力。

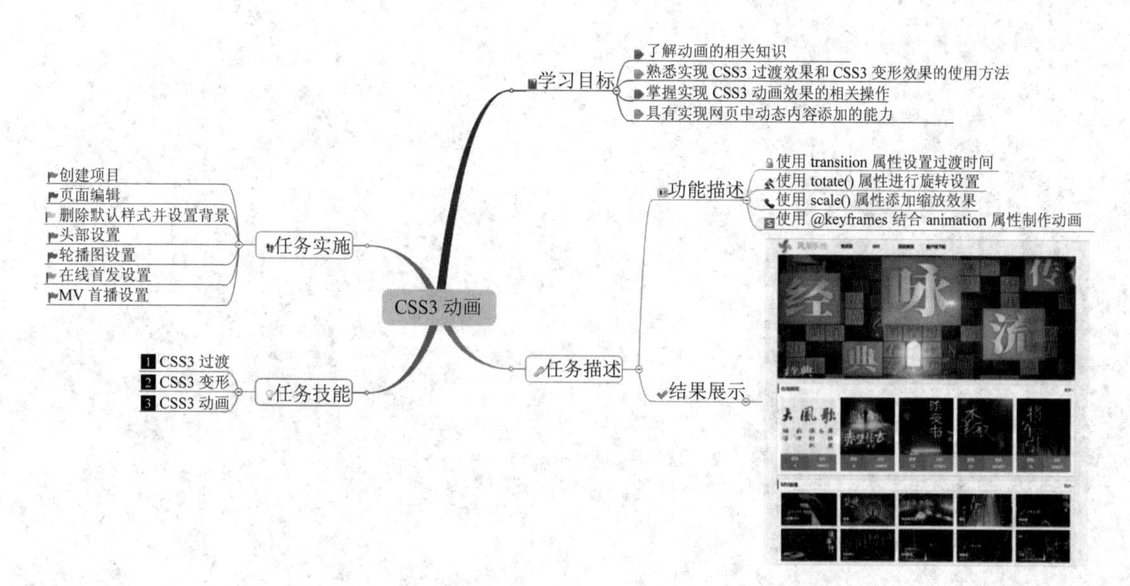

【情境导入】

音乐,不仅仅是一种音与韵,在聆听者用心聆听时,它还能让聆听者真实地享受音乐带来的那份美丽心境。只有把自己的心真实地融入音乐,体验与琢磨音乐所表达的思想、内涵,才能真实地感受音乐那种无形的魅力。本项目通过对 CSS3 动画内容的讲解,完成对音乐网站的制作并添加动态效果。

【任务描述】

- 使用 transition 属性设置过渡时间。
- 使用 rotate 属性进行旋转设置。
- 使用 scale 属性添加缩放效果。
- 使用 @keyframes 结合 animation 属性制作动画。

【效果展示】

通过对本项目的学习,熟悉 CSS3 过渡、CSS3 变形以及 CSS3 动画等属性,能够完成对音乐网站的制作以及动态效果的添加,效果如图 8-1 所示。

图 8-1　效果图

课程思政:中华优秀传统文化传承、弘扬与创新

中国古典诗词是中华民族的文华瑰宝,诗词中蕴含着丰富的文化内涵。弘扬优秀传统文化,领略诗词之美具有重大意义。我们除了要传承优秀传统文化,也要进行创新和发扬,并通过现代的形式进行传唱,让中华优秀传统文化具有时代性,让曾经主流的经典再次成为流行的先锋。

技能点一　CSS3 过渡

为了解决 CSS 中样式变换需要使用 Flash 动画或 JavaScript 实现的问题，CSS3 提供了过渡属性，其可以通过设置属性和时间，使指定属性的值产生过渡效果。但需要注意的是，设置过渡效果后，必须为其指定触发事件，目前使用最多的是触发事件为伪类选择器中的 hover 选择器，即鼠标悬停到该元素后发生过渡，CSS3 常用过渡属性如表 8-1 所示。

表 8-1　CSS3 常用过渡属性

属性	描述
transition-property	过渡所需属性，属性值如下： none：无任何属性具有过渡效果 all：默认属性值，所有属性具有过渡效果 property：指定属性具有过渡效果
transition-duration	执行时间，单位为秒（s）或毫秒（ms），默认属性值为 0
transition-timing-function	速度曲线，属性值如下： ease：默认属性值，慢速开始，然后变快，最后慢速结束 linear：以相同速度开始和结束 ease-in：以慢速开始 ease-out：以慢速结束 ease-in-out：以慢速开始和结束
transition-delay	延迟时间，单位为秒（s）或毫秒（ms），默认属性值为 0
transition	过渡设置，顺序为 property、duration、timing-function、delay

使用 CSS3 过渡属性将正方形块（100 px*100 px）的宽度（width 属性）在 1 s 内以匀速增加至 300 px，效果如图 8-2 和图 8-3 所示。

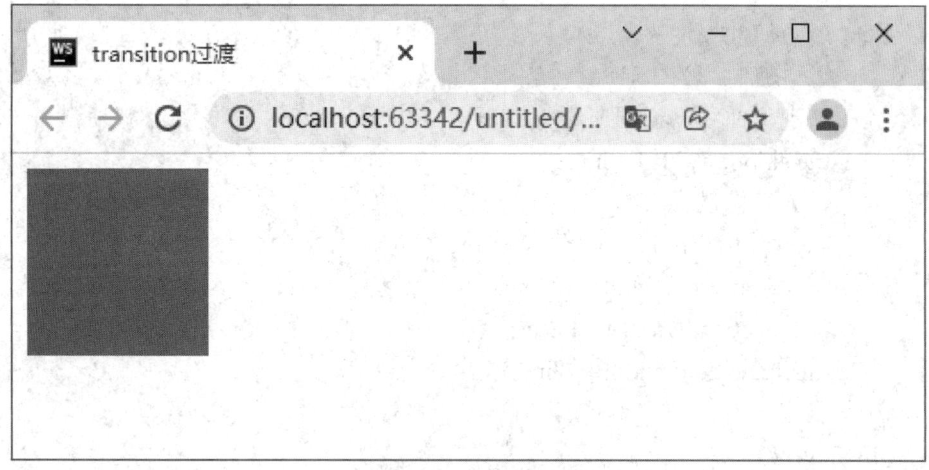

图 8-2　过渡执行前

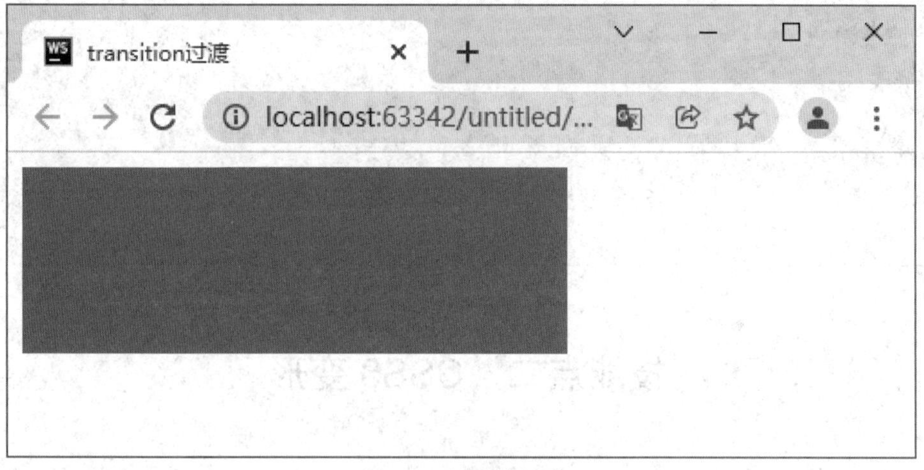

图 8-3　过渡执行后

为实现图 8-2 和图 8-3 所示的效果，代码 CORE0801 如下所示。

代码 CORE0801: 过渡效果

```
<!DOCTYPE html>
<html lang="en">
<head>
    <meta charset="UTF-8">
    <title>transition 过渡 </title>
    <style>
        div{
            width: 100px;
            height: 100px;
            background: red;
```

```
            /* 过渡的属性为 widt*/
            /* 过渡时间为 1 s*/
            /* 速度曲线以相同速度 */
            transition: width 1 s linear;
            /* 兼容性设置 */
            -webkit-transition: width 1 s linear;
            -moz-transition: width 1 s linear;
            -o-transition: width 1 s linear;
            -ms-transition: width 1 s linear;
        }
        div:hover{
            width: 300px;
        }
    </style>
</head>
<body>
<div></div>
</body>
</html>
```

技能点二 CSS3 变形

2009 年 W3C 组织正式发布了 2D 和 3D 变形动画草案，是使用 transform 属性实现的一些效果的集合，包括移动、旋转、缩放和倾斜四种基本操作，还可以通过设置 matrix 矩阵来实现更复杂的效果。transform 属性可以实现 2D 和 3D 两种效果。通过使用 transform 属性，可以对 HTML 元素进行线性仿射变形，包括旋转、倾斜、缩放以及位移，这些变形同时适用于平面空间与三维空间。

1. transform

transform 属性用于实现变形功能，可用于内联元素和块级元素，该属性包含旋转、缩放和移动等元素，使用 transform 属性可以控制文字的变形，极大地方便了设计者在网页中使用相关内容进行布局，transform 属性的基本语法格式如下所示。

```
transform:none I<transform-function> [ <transform-function> ]*;
```

● transform 属性的初始值是 none。

● <transform-function> 用于设置变形函数。可以是一个或多个变形函数列表。transform-function 函数包括 matrix()、translate()、scale()、scaleX()、scaleY()、rotate()、 skewX()、skewY() 和 skew() 等。具体函数如表 8-2 所示。

表 8-2　transform-function 函数说明

函数	描述
matrix()	定义矩阵变换，即基于 X 和 Y 坐标重新定位元素的位置
translate()	移动元素对象，即基于 X 和 Y 坐标重新定位元素
scale()	缩放元素对象，可以使任意元素对象尺寸发生变化，取值包括正数、负数以及小数
rotate()	旋转元素对象，取值为一个度数值
skew()	倾斜元素对象，取值为一个度数值

使用 transform 体验一个鼠标动画，图 8-4（左）为开始效果，当鼠标经过图形时，<div> 元素会放大，并旋转显示黄色背景，鼠标移开之后恢复默认效果，效果如图 8-4（右）所示。

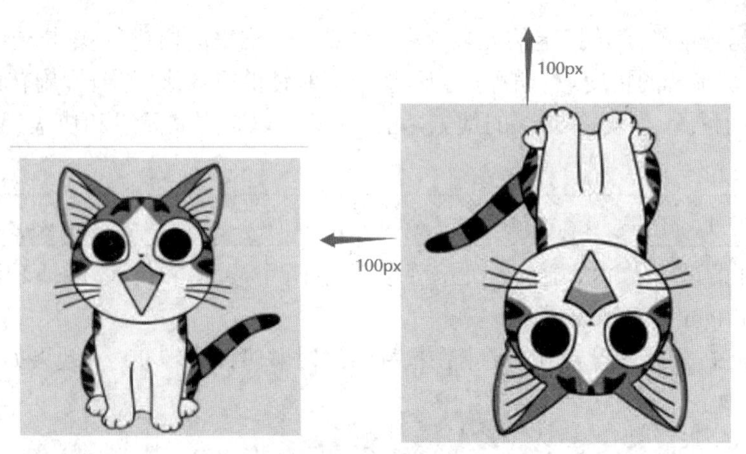

图 8-4　图片变形

为实现图 8-4 所示的效果，代码 CORE0802 如下所示。

代码 CORE0802: 图片变形

```
<!DOCTYPE html>
<html lang="en">
<head>
    <meta charset="UTF-8">
    <title>Title</title>
    <style>
        div{
            margin:100px 0;
            width: 200px;
            height:200px;
```

```
            background: url("demo.jpg");
        }
        div:hover{
        /*      定义动画的状态 */
            transform:rotate(90deg);
        }
    </style>
</head>
<body>
<div></div>
</body>
</html>
```

2. rotate()

rotate() 函数能够旋转指定的元素对象，主要在二维空间内进行操作，接受一个角度参数值，用来指定旋转的幅度。一般情况下，按照顺时针的方向进行旋转，旋转的中心为 X 轴和 Y 轴的中间位置，也就是 50% 的地方，元素对象可以是内联元素和块级元素。语法格式如下所示。

```
rotate(<angle> )
```

说明：如果设置 CSS3 旋转中心，可以使用两个参数来代表 X 轴和 Y 轴，也可使用 transform-origin 关键字设置。

使用 rotate() 属性来设置 div 元素在鼠标经过时顺时针旋转 90°，效果如图 8-5 所示。

图 8-5　图片旋转

为实现图 8-5 所示的效果，代码 CORE0803 如下所示。

代码 CORE0803：图片旋转

```
<!DOCTYPE html>
<html lang="en">
<head>
```

```
    <meta charset="UTF-8">
    <title>Title</title>
    <style>
        div{
            margin:100px 0;
            width: 200px;
            height:200px;
            background: url("demo.jpg");
        }
        div:hover{
        /*      定义动画的状态 */
            transform:rotate(90deg);
        }
    </style>
</head>
<body>
<div></div>
</body>
</html>
```

3. scale()

scale() 函数能够缩放元素大小，主要通过方法中的两个参数来定义宽度和高度的缩放比例，语法格式如下所示。

```
scale(<number>[,<number>])
```

说明：number 参数值可以是正数、负数和小数。其中，正数值表示在原有宽度的基础上进行高度和宽度的调整；负数值表示反转元素后再进行元素的缩放；如果使用小数则表示缩放元素，第二个参数可以省略。如果省略第二个参数，则表示第二个参数的值和第一个参数的值相等。

使用无序列表创建一个横向导航栏，在导航栏中使用 scale() 函数添加缩放功能，让导航菜单更好看一些，效果如图 8-6 和图 8-7 所示。

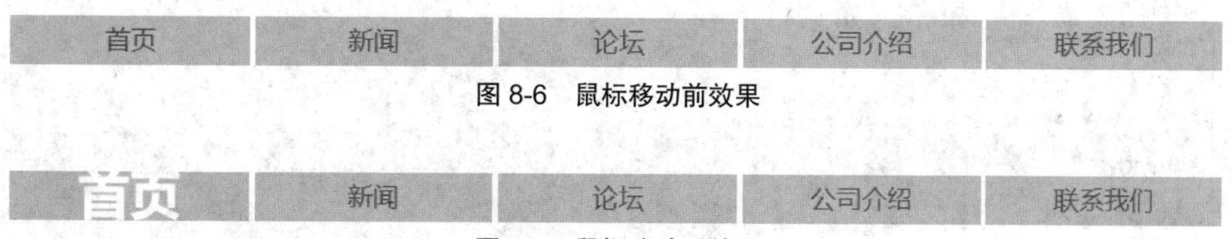

图 8-6　鼠标移动前效果

图 8-7　鼠标移动后效果

为实现图 8-6 和图 8-7 所示的效果，代码 CORE0804 如下所示。

代码 CORE0804: 鼠标移动效果

```
<!DOCTYPE html>
<html lang="en">
<head>
    <meta charset="UTF-8">
    <title>Title</title>
    <style>
        .test ul{
            list-style: none;
        }
        .test li{
            float:left;
            width: 150px;
            background: #ccc;
            margin-left: 3px;
            line-height: 30px;
        }
        .test a{
            display: block;
            text-align: center;
            height:30px;
        }
        .test a:link{
            color:#666;
            text-decoration: none;
        }
        .test a:hover{
            color:#fff;
            font-weight: bold;
            text-decoration: none;
            transform: scale(2);
        }
    </style>
</head>
<body>
<div class="test">
```

```
    <ul>
        <li><a href="#"> 首页 </a></li>
        <li><a href="#"> 新闻 </a></li>
        <li><a href="#"> 论坛 </a></li>
        <li><a href="#"> 公司介绍 </a></li>
        <li><a href="#"> 联系我们 </a></li>
    </ul>
</div>
</body>
</html>
```

4. translate()

translate() 函数主要用来实现平移动画，能够重新定位元素的坐标。该函数包含两个参数，分别代表定义的 X 轴坐标和 Y 轴坐标，语法格式如下所示。

```
translate(dx, dy)
```

说明：dx 和 dy 表示坐标值。其中，第一个参数表示相对原位置的 X 轴偏移位置，第二个参数表示相对原位置的 Y 轴偏移位置。第二个参数可以省略，如果省略，则代表相对原位置的 Y 轴偏移为 0。

除此之外，实现平移效果除了使用 translate 函数，还可以使用 translateX()、translateY()，函数分别表示元素在 X 轴方向上的平移和在 Y 轴方向上的平移，单位可以为 px、em 和百分比。

使用无序列表创建一个横向导航，在导航中使用 translate() 函数添加平移功能，让鼠标移动到导航时，导航水平偏移 10 px，垂直偏移 20 px，效果如图 8-8 所示。

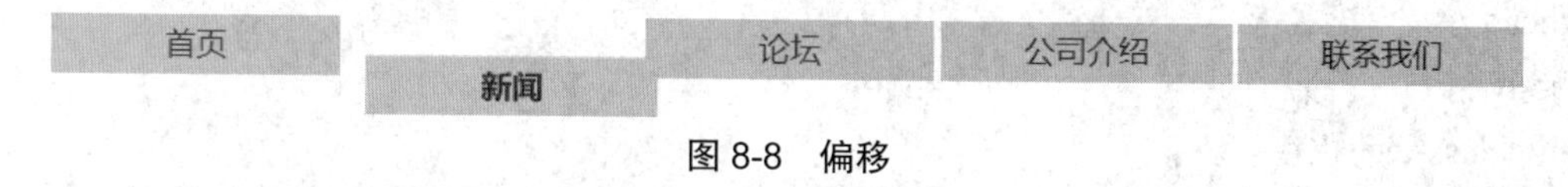

图 8-8　偏移

为实现图 8-8 所示的效果，代码 CORE0805 如下所示。

代码 CORE0805：偏移

```
<!DOCTYPE html>
<html lang="en">
<head>
    <meta charset="UTF-8">
    <title>Title</title>
    <style>
        .test ul{
            list-style: none;
```

```
        }
        .test li{
            float:left;
            width: 150px;
            background: #ccc;
            margin-left: 3px;
            line-height: 30px;
        }
        .test a{
            display: block;
            text-align: center;
            height:30px;
        }
        .test a:link{
            color:#666;
            text-decoration: none;
        }
        .test li:hover,.test a:hover{
            font-weight: bold;
            text-decoration: none;
            transform: translate(10px,20px);
        }
    </style>
</head>
<body>
<div class="test">
    <ul>
        <li><a href="#"> 首页 </a></li>
        <li><a href="#"> 新闻 </a></li>
        <li><a href="#"> 论坛 </a></li>
        <li><a href="#"> 公司介绍 </a></li>
        <li><a href="#"> 联系我们 </a></li>
    </ul>
</div>
</body>
</html>
```

5. skew()

skew() 函数主要作用是使元素倾斜，函数可以指定一个或两个参数，分别来定义 X 轴和 Y 轴坐标倾斜的角度，此函数可以改变元素的形状。语法格式如下所示。

```
// 一个参数语法；表示沿 X 轴倾斜的角度
skew(ax)
// 两个参数语法；分别表示 X 轴和 Y 轴坐标倾斜的角度
skew(ax, ay)
```

说明：如果第二个参数未定义，默认为 0，表示只沿 X 轴倾斜。

创建一个红色的正方形，使用 skew() 函数让红色正方形沿 Y 轴坐标倾斜 50°，效果如图 8-9 所示。

图 8-9　倾斜

为实现图 8-9 所示的效果，代码 CORE0806 如下所示。

代码 CORE0806: 倾斜

```
<!DOCTYPE html>
<html lang="en">
<head>
    <meta charset="UTF-8">
    <title>skew()</title>
    <style>
        div{
            width: 200px;
            height: 200px;
            transition:all 2 s;
            margin: 150px auto;
```

```
            background-color: #f00;
        }
        .test2:hover {
            transform:skew(0,50deg);
            transform-origin: left top;
        }
    </style>
</head>
<body>
    <div class="test1"> </div>
    <div class="test2"> </div>
</body>
</html>
```

技能点三 CSS3 动画

在网站页面中，动画指元素从一种样式逐渐变化为另一种样式的过程，在这个过程中，可以将多个样式改变多次。

在 CSS3 中，动画的实现非常简单，可以通过 @keyframes 结合 animation 属性定义元素的动画。

1. @keyframes

@keyframes 在 CSS3 中主要用于定义动画规则，即动画实现时，元素以何种样式、何种过程进行变化。目前，@keyframes 设置动画规则有两种方式，第一种方式是使用关键词“from”和“to”设置元素变化，语法格式如下所示。

```
@keyframes animationname{
    from{ 属性 : 属性值 ;}
    to{ 属性 : 属性值 ;}
}
/* 兼容性设置 */
@-webkit-keyframes animationname{
    from{ 属性 : 属性值 ;}
    to{ 属性 : 属性值 ;}
}
@-moz-keyframes animationname{
    from{ 属性 : 属性值 ;}
```

```
    to{ 属性 : 属性值 ;}
}
@-o-keyframes animationname{
    from{ 属性 : 属性值 ;}
    to{ 属性 : 属性值 ;}
}
@-ms-keyframes animationname{
    from{ 属性 : 属性值 ;}
    to{ 属性 : 属性值 ;}
}
```

其中，animationname 是动画的名称，是被 animation 属性引用的唯一标识；from 表示元素样式的起始状态，是动画的开头效果；to 表示元素样式在经过变化后的结束状态，也就是动画的结束效果。

第二种方式是使用百分比设置元素变化，相比于“from”和“to”只能设置单个动画过程，百分比的设置更加细腻。如设置颜色从黑到白的变化时，“from”和“to”会直接进行变化；而百分比则是一个先从黑色到蓝色，再从蓝色到黄色，最后从黄色到白色的变化过程。语法格式如下所示。

```
@keyframes animationname{
    0%{ 属性 : 属性值 ;}
    1%{ 属性 : 属性值 ;}
    2%{ 属性 : 属性值 ;}
    ......
    100%{ 属性 : 属性值 ;}
}
```

其中，0% 相当于 from，表示起始；100% 相当于 to，表示结束。

需要注意的是，@keyframes 设置的规则并不会立即生效，其需要通过设置的名称在设置 CSS 样式时被 animation 属性引用后才可以使动画效果生效。

2. animation 属性

animation 属性是 CSS 的动画属性，主要在 @keyframes 设置动画规则、动画时间、动画速度、播放次数等时使用，常用动画属性如表 8-3 所示。

表 8-3　动画属性

属性	描述
animation-name	动画名称
animation-duration	动画执行时间，单位为秒（s）或毫秒（ms），默认属性值为 0

续表

属性	描述
animation-timing-function	动画速度曲线，属性值如下： ease：默认属性值，以低速开始，然后加快，在结束前变慢 linear：从头到尾的速度相同 ease-in：以低速开始 ease-out：以低速结束 ease-in-out：以低速开始和结束
animation-delay	动画延迟时间，单位为秒（s）或毫秒（ms），默认属性值为 0
animation-iteration-count	动画播放次数，默认属性值为 1，当值为 infinite 时，表示一直播放
animation-direction	动画循环交替反向播放，属性值如下： normal：默认属性值，正常播放 reverse：反向播放 alternate：在奇数次正向播放，在偶数次反向播放 alternate-reverse：在奇数次反向播放，在偶数次正向播放
animation	动画设置，顺序为 name、duration、timing-function、delay、iteration-count、direction

语法格式如下所示。

```
@keyframes animationname{
                    .          .          .          .          .          .
}
选择符 {
    animation-name:animationname;
    animation-duration:1 s;
    animation-timing-function:ease;
    animation-delay:1 s;
    animation-iteration-count:3;
    animation-direction:normal;
}
```

使用 @keyframes 结合 animation 属性定义动画，动画名称为 firstanimation，动画执行时间 5 s，动画效果为正方形块向右移动 300 px，颜色从红色到黄色到蓝色，最后到绿色，效果如图 8-10 和图 8-11 所示。

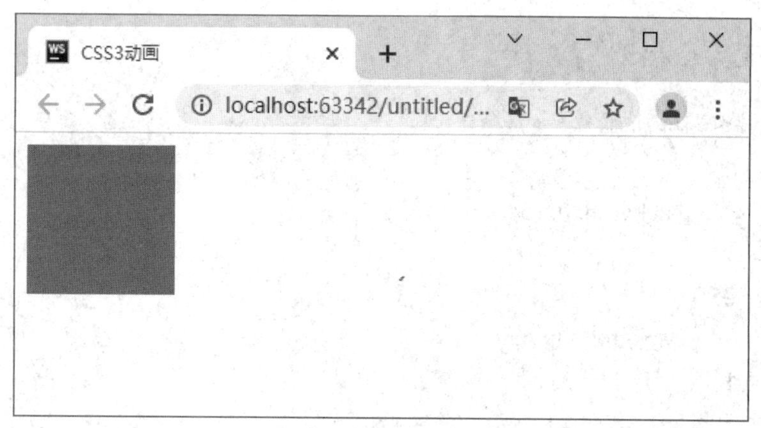

图 8-10　动画执行前

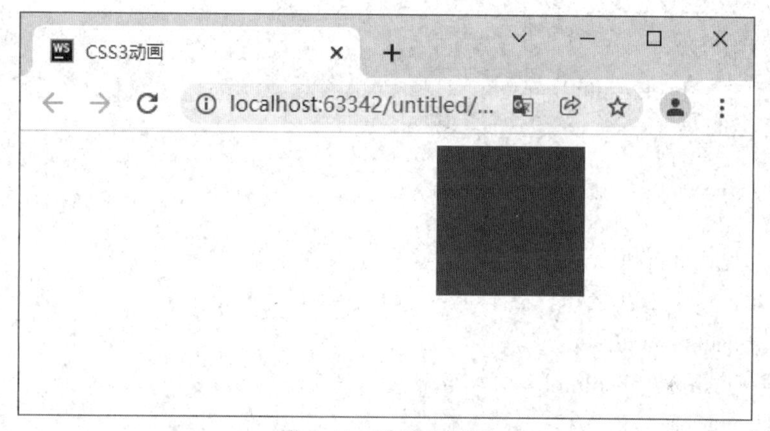

图 8-11　动画执行后

为实现图 8-10 和图 8-11 所示的效果，代码 CORE0807 如下所示。

代码 CORE0807: 正方形移动变色

```
<!DOCTYPE html>
<html lang="en">
<head>
    <meta charset="UTF-8">
    <title>CSS3 动画 </title>
    <style>
        @keyframes firstanimation{
            /* 移动动画 */
            from{
                left: 0px;
            }
            to{
```

```
                left: 300px;
            }
            /* 颜色动画 */
            0%{
                background: red;
            }
            25%{
                background: yellow;
            }
            50%{
                background: blue;
            }
            100%{
                background: green;
            }
        }
        div{
            width: 100px;
            height: 100px;
            background: red;
            position: absolute;
            /* 动画名称 */
            animation-name: firstanimation;
            /* 动画执行时间 */
            animation-duration: 5s;
            /* 动画速度曲线 */
            animation-timing-function:linear;
        }
    </style>
</head>
<body>
<div></div>
</body>
</html>
```

通过对本任务的学习，掌握了 CSS3 过渡、CSS3 变形以及 CSS3 动画等操作，通过以下几个步骤，实现在网页中添加动态内容。

第一步：在文本编辑器中创建一个 HTML5 文件和当前项目所需的所有 CSS 文件，并使用外部引用的方式将其引入 HTML5 中，代码 CORE0808 如下所示。

代码 CORE0808: 引入 CSS 样式

```
<!DOCTYPE html>
<html lang="en">
<head>
    <meta charset="UTF-8">
    <title> 风车乐栈 </title>
    <!-- 通用 CSS-->
    <link rel="stylesheet" href="css/common.css">
    <!-- 导航栏 CSS-->
    <link rel="stylesheet" href="css/header.css">
    <!-- 轮播图 CSS-->
    <link rel="stylesheet" href="css/nav.css">
    <!-- 详细信息 CSS-->
    <link rel="stylesheet" href="css/article.css">
</head>
<body>
</body>
</html>
```

第二步：在 <body> 标签中，使用不同的 HTML5 标签对页面内容进行编写，主要包括头部的 Logo 和导航栏、中部的轮播图以及底部的音乐信息展示和 MV 展示。其中，导航栏使用 <ul> 标签，轮播图使用背景方式引入，音乐信息展示使用 <dl> 标签，MV 展示使用 <ul> 标签，代码 CORE0809 如下所示。

代码 CORE0809: 页面编辑

```
<!DOCTYPE html>
<html lang="en">
<head>
    <meta charset="UTF-8">
```

```
    <title> 风车乐栈 </title>
    <!-- 通用 CSS-->
    <link rel="stylesheet" href="css/common.css">
    <!-- 导航栏 CSS-->
    <link rel="stylesheet" href="css/header.css">
    <!-- 轮播图 CSS-->
    <link rel="stylesheet" href="css/nav.css">
    <!-- 详细信息 CSS-->
    <link rel="stylesheet" href="css/article.css">
</head>
<body>
<header>
    <p></p>
    <div>
        <img class="header_logo" src="imgs/logo.png">
        <img class="header_logoName" src="imgs/logoName.png">
        <ul>
            <li>
                <span class="header_sp1 header_focus1"> 音乐馆 </span>
                <span class="header_sp2 header_focus2"> 音乐馆 </span>
            </li>
            <li>
                <span class="header_sp1">MV</span>
                <span class="header_sp2">MV</span>
            </li>
            <li>
                <span class="header_sp1"> 我的音乐 </span>
                <span class="header_sp2"> 我的音乐 </span>
            </li>
            <li>
                <span class="header_sp1"> 客户端下载 </span>
                <span class="header_sp2"> 客户端下载 </span>
            </li>
        </ul>
    </div>
```

```
</header>
<nav>
    <img src="imgs/big.jpg">
</nav>
<article id="article1">
    <p>
        <span class="article_p1"> 在线首发 </span>
        <span class="article_p2"> 更多 ></span>
    </p>
    <div>
        <dl>
            <dt>
                <img src="imgs/album1.jpg">
                <a>
                    <span></span>
                    <em class="dt_name"> 大风歌 </em>
                    <em class="dt_singer"> 屠洪刚 </em>
                    <i></i>
                </a>
            </dt>
            <dd class="article_dd1">
                <span> 歌曲 </span>
                <span>4</span>
            </dd>
            <dd class="article_dd2">
                <span> 试听 </span>
                <span>1950 万 </span>
            </dd>
        </dl>
        <!-- 内容省略,dl 结构与上方相同 -->
    </div>
</article>
<article id="article2">
    <p>
        <span class="article_p1">MV 首播 </span>
        <span class="article_p2"> 更多 ></span>
    </p>
```

```
    <div>
        <ul>
            <li>
                <a>
                    <img src="imgs/mv1.jpg">
                    <strong> 我和我的祖国 </strong>
                    <strong> 李谷一 </strong>
                    <span>
                        <font> 我和我的祖国 – 李谷一 </font>
                        <font><i></i></font>
                        <font><i></i>1 042 425<em>2 pic4-12-31</em></font>
                    </span>
                </a>
            </li>
            <!-- 内容省略,li 结构与上方相同 -->
        </ul>
    </div>
</article>
</body>
</html>
```

效果如图 8-12 所示。

图 8-12 页面编辑

第三步：在 common.css 文件中，将 HTML5 中所有标签默认的外边距、内边距、边框样式、<a> 标签的默认文本样式和列表的默认符号类型删除，并引入图片对当前页面的背景进行设置，代码 CORE0810 如下所示。

代码 CORE0810: 删除默认样式并设置背景

```
/* 删除标签默认值 */
*{
    margin: 0;
    padding: 0;
    border: 0;
}
/* 删除 a 标签默认样式 */
a{
    text-decoration: none;
}
/* 删除列表默认符号类型 */
ul{
    list-style: none;
}
body{
    /* 设置网页背景 */
    background: url("../imgs/bg.png");
}
```

效果如图 8-13 所示

图 8-13　删除默认样式并设置背景

第四步：在 header.css 文件中对头部 Logo 和导航栏的样式进行设置。首先对 Logo 的位置和大小进行设置，其次使用列表并添加浮动效果实现导航栏的制作，最后应用 @keyframes 结合 animation 属性实现 Logo 的逆时针旋转以及导航项的翻转，代码 CORE0811 如下所示。

代码 CORE0811: 头部设置

```
header{
    width: 100%;
}
/* 页面上方黑色线条 */
header p{
    width: 100%;
    height: 5px;
    /* 相对定位 */
    position: absolute;
    top: -5px;
    /* 模糊设置 */
    box-shadow: 0px 1px 5px black;
}
header div{
    width: 1200px;
    height: 66px;
    /* 居中 */
    margin: 0 auto;
}
/*logo 动画，逆时针旋转 */
@keyframes logoanimation {
    from{
        /* 元素旋转 */
        transform:rotate(360deg);
    }
    to{
        transform:rotate(0deg);
    }
}
/*logo 设置 */
header div .header_logo{
    /* 宽、高及外边距 */
    width: 54px;
```

```
    height: 54px;
    margin-top: 6px;
    /* 浮动 */
    float: left;
    /* 应用动画 , 时间为 1.5s, 速度相同 */
    animation: logoanimation 1.5 s linear;
    /* 动画持续播放 */
    animation-iteration-count: infinite;
}
/*logo 名称设置 */
header div .header_logoName{
    width: 120px;
    height: 60px;
    float: left;
    margin-top: 3px;
    margin-left: 20px;
}
/* 导航栏设置 */
header div ul{
    width: 480px;
    height: 66px;
    float: left;
    /*!* 溢出隐藏 *!*/
    /*overflow: hidden;*/
    margin-left: 20px;
}
header div li{
    width: 120px;
    height: 64px;
    float: left;
    /* 文字水平居中 */
    text-align: center;
    /* 文字大小 */
    font-size: 16px;
    /* 文字粗细程度 */
    font-weight: bold;
    /* 文本阴影 */
    text-shadow: 1px 1px 1px #112 233;
```

```
    /* 字体类型 */
    font-family: " 微软雅黑 ";
    /* 设置透视效果 */
    perspective: 1000px;
    /* 相对定位 */
    position: relative;
}
/* 导航项动画,鼠标浮动时动画 */
@keyframes sp1animation{
    from{
        /* 元素延 X 轴旋转 */
        transform: rotatcX(135deg);
    }
    to{
        transform: rotateX(0deg);
    }
}
@keyframes sp2animation{
    from{
        transform: rotateX(0deg);
        /* 透明度设置 */
        opacity: 0;
    }
    to{
        transform: rotateX(-91deg);
        opacity: 1;
    }
}
/* 导航项动画,鼠标离开时动画 */
@keyframes sp1reverseanimation{
    from{
        transform: rotateX(0deg);
    }
    to{
        transform: rotateX(135deg);
    }
}
@keyframes sp2reverseanimation{
```

```
    from{
        transform: rotateX(-91deg);
    }
    to{
        transform: rotateX(0deg);
    }
}
/* 导航项设置 */
header div li .header_sp1{
    /* 元素类型转换 */
    display: block;
    /* 文字颜色 */
    color: #FFAE00;
    font-size: 18px;
    height: 64px;
    width: 120px;
    line-height: 64px;
    transform: rotateX(135deg);
    /* 应用动画 */
    animation: sp1reverseanimation 500ms;
    /* 修改转换位置 */
    transform-origin: 0 0 0;
    position: absolute;
    top: 0;
    /* 层级权重设置 */
    z-index: 100;
}
header div li:hover .header_sp1{
    animation: sp1animation 500ms;
    transform: rotateX(0deg);
    /* 鼠标指针样式 */
    cursor: pointer;
}
header div li .header_sp2{
    display: block;
    color: #555;
    width: 120px;
    height: 64px;
```

```
    /* 文字垂直居中 */
    line-height: 64px;
    transform: rotateX(0deg);
    animation: sp2reverseanimation 500ms;
    /* 修改转换位置 */
    transform-origin: 0 100% 0;
    position: absolute;
    bottom: 0;
}
header div li:hover .header_sp2{
    animation: sp2animation 500ms;
    transform: rotateX(-91deg);
    /* 背景颜色设置 */
    background: #0eaf52;
    color: #0eaf52;
    text-shadow: none;
    cursor: pointer;
}
```

效果如图 8-14 所示。

图 8-14　头部设置

第五步：在 nav.css 文件中对轮播图样式进行编辑，首先设置外层 <nav> 标签的宽度，之后对 <a> 标签进行设置，包括类型转换、宽度、高度、横向居中以及图片引入、大小，代码 CORE0812 如下所示。

代码 CORE0812：轮播图设置

```
nav{
    width: 100%;
}
nav img{
    /* 类型转换 */
    display: block;
    width: 1200px;
    height: 480px;
    /* 居中显示 */
    margin: 0 auto;
    margin-top: 2px;
}
```

效果如图 8-15 所示

图 8-15　轮播图设置

第六步：在 article.css 文件中对在线首发区域的样式进行编辑。首先设置标题和“更多”按钮；其次对 dl 中包含的音乐信息进行美化，包括图片、名称、演唱者、试听次数等；最后设置动态效果。当鼠标移动到 dt 区域时，图片放大，并且音乐名称和演唱者内容从下方移动上来。代码 CORE0813 如下所示。

代码 CORE0813: 在线首发设置

```
/* 在线首发模块设置 */
#article1{
    width: 1198px;
    height: 350px;
    /* 居中显示 */
    margin: 0 auto;
    /* 背景设置 */
    background: white;
    /* 上边距 */
    margin-top: 20px;
    /* 边框 */
    border: 1px solid #efefef;
    /* 边框阴影 */
    box-shadow: 0px 1px 2px #c5c5c5;
}
/* 标题设置 */
#article1 p{
    width: 1194px;
    height: 35px;
    /* 左边框和下边框设置 */
    border-left: 5px solid #f00;
    border-bottom: 1px solid #efefef;
}
#article1 p .article_p1{
    width: 110px;
    height: 21px;
    /* 类型转换 */
    display: inline-block;
    /* 左浮动 */
    float: left;
    margin: 7px 0 0 8px;
    /* 文字颜色 */
    color: #333;
```

```
    /* 文字大小 */
    font-size: 18px;
    /* 粗细程度 */
    font-weight: bolder;
}
#article1 p .article_p2{
    /* 右浮动 */
    float: right;
    height: 35px;
    display: inline-block;
    color: #555;
    font-size: 14px;
    /* 文字垂直居中 */
    line-height: 35px;
    /* 右边距 */
    margin-right: 5px;
}
#article1 p .article_p2:hover{
    /* 指针类型 */
    cursor: pointer;
}
#article1 div{
    width: 1170px;
    height: 285px;
    margin: 0 auto;
    margin-top: 15px;
}
#article1 dl{
    width: 220px;
    height: 285px;
    float: left;
    margin-right: 17px;
}
#article1 dl:last-child{
    margin-right: 0;
}
```

```
#article1 dl dt{
    width: 220px;
    height: 220px;
    /* 相对定位 */
    position: relative;
    /* 溢出隐藏 */
    overflow: hidden;
}
#article1 dl dt img{
    position: relative;
    /* 动画设置 */
    /* 时间 0.5 秒 */
    /* 匀速运动 */
    transition: all 0.5s linear;
}
/* 浮动设置,图片放大 1.2 倍 */
#article1 dl dt:hover img{
    /* 伸缩设置 */
    transform:scale(1.2);
}
#article1 dl dt a{
    display: block;
    width: 220px;
    height: 60px;
    position: relative;
    /* 距父元素底部和左边距离 */
    bottom: 2px;
    left: 0;
    transition: all 0.5s linear;
}
#article1 dl dt a span{
    display: block;
    width: 220px;
    height: 60px;
    /* 背景设置 */
```

```
    background: rgba(0,0,0,0.6);
    /* 绝对定位 */
    position: absolute;
    left: 0;
    /* 层级设置 */
    z-index: 3;
}
#article1 dl dt a em{
    display: block;
    height: 25px;
    line-height: 25px;
    /* 文字靠左 */
    text-align: left;
    /* 缩进设置 */
    text-indent: 15px;
    /* 字体类型 */
    font-family: " 宋体 ";
    /* 字体样式 */
    font-style: normal;
    position: relative;
    top: 5px;
    z-index: 4;
}
#article1 dl dt a .dt_name{
    color: #0CC65B;
    font-size: 16px;
}
#article1 dl dt a .dt_singer{
    color: #fff;
    font-size: 15px;
}
#article1 dl dt a i{
    display: block;
    width: 25px;
    height: 25px;
    /* 图片背景 */
    background: url(../imgs/play.png) no-repeat 0 0;
```

```
    /* 背景图片大小 */
    background-size: 100%;
    position: absolute;
    right: 16px;
    top: 16px;
    z-index: 10;
}
/* 浮动触发，更换背景图片 */
#article1 dl dt a i:hover{
    cursor: pointer;
    background: url(../imgs/play1.png) no-repeat 0 0;
    background-size: 100%;
}
#article1 dl dt:hover{
    cursor: pointer;
}
/* 浮动设置，向上移动 */
#article1 dl dt:hover a{
    bottom: 64px;
}
#article1 dl dd{
    width: 110px;
    height: 65px;
    float: left;
    text-align: center;
    font-family: " 微软雅黑 ";
    font-size: 14px;
    transition: 0.5s;
}
#article1 dl .article_dd1{
    /* 背景颜色 */
    background: #0DA44D;
}
#article1 dl .article_dd2{
    background: #0eaf52;
}
```

```
#article1 dl dd span:first-child{
    height: 30px;
    display: block;
    line-height: 35px;
    color: #fff;
}
#article1 dl dd span:last-child{
    height: 35px;
    display: block;
    line-height: 30px;
    color: #fff;
    font-weight: bolder;
}
/* 浮动触发，更换背景颜色 */
#article1 dl dd:hover{
    cursor: pointer;
    background: #ffae00;
}
```

效果如图 8-16 所示。

图 8-16　在线首发设置

第七步：继续在 article.css 文件中对 MV 首播区域的样式进行编辑。其中，标题和“更多”按钮的设置与在线首发基本相同；之后对 MV 的图片、名称以及演唱者内容进行美化；

最后设置动态内容的样式以及动态效果。当鼠标移动到 MV 区域时，动态内容逐渐显示并且播放图标旋转出现。代码 CORE0814 如下所示。

代码 CORE0814 MV 首播设置

```
/*MV 首播设置 */
#article2{
    width: 1198px;
    height: 330px;
    margin: 0 auto;
    margin-top: 20px;
    border-bottom: 1px solid #efefef;
    box-shadow: 0px 1px 2px #c5c5c5;
    margin-bottom: 20px;
}
#article2 p{
    width: 1194px;
    height: 35px;
    border: 1px solid #efefef;
    border-left: 5px solid #f00;
    background: #ffffff;
}
#article2 p .article_p1{
    width: 110px;
    height: 21px;
    display: inline-block;
    float: left;
    margin: 7px 0 0 8px;
    color: #333;
    font-size: 18px;
    font-weight: bolder;
}
#article2 p .article_p2{
    float: right;
    height: 35px;
    display: inline-block;
    color: #555;
    font-size: 14px;
```

```
    line-height: 35px;
    margin-right: 5px;
}
#article2 p .article_p2:hover{
    cursor: pointer;
}
/*MV 展示 */
#article2 div{
    width: 1171px;
    height: 264px;
    padding: 15px 16px;
}
#article2 div ul{
    width: 1184px;
    height: 264px;
}
/* 每个 MV 信息设置 */
#article2 div ul li{
    width: 220px;
    height: 125px;
    /* 相对定位 */
    position: relative;
    /* 位于左边和上边 */
    left: 0;
    top: 0;
    /* 背景颜色 */
    background: #0eaf52;
    float: left;
    margin: 0 16px 13px 0;
}
/* 图片大小 */
#article2 div ul li a img{
    width: 220px;
    height: 125px;
}
/* 名称和演唱者设置 */
#article2 div ul li a strong{
```

```
    /* 绝对定位 */
    position: absolute;
    left: 10px;
    /* 文字颜色 */
    color: #fff;
    /* 文字大小 */
    font-size: 12px;
    /* 粗细程度 */
    font-weight: normal;
    /* 动画设置 */
    transition: .5s;
}
/* 名称位置设置 */
#article2 div ul li a strong:nth-of-type(1){
    bottom: 20px;
}
/* 演唱者位置及字体颜色设置 */
#article2 div ul li a strong:nth-of-type(2){
    bottom: 4px;
    color: #0eaf52;
}
/* 动画内容设置 , 浮动时显示 */
#article2 div ul li a span{
    width: 200px;
    height: 115px;
    position: absolute;
    left: -2px;
    top: -2px;
    /* 类型转换 */
    display: block;
    /* 左对齐 */
    text-align: left;
    /* 边距填充 */
    padding: 5px 10px;
    /* 边框 */
    border: 2px solid #fff;
    /* 阴影 */
```

```
    box-shadow: 0 0 1px #ddd;
    /* 动画 */
    transition: .5s;
}
/*font 元素总体设置 */
#article2 div ul li a span font{
    height: 20px;
    /* 文字颜色 */
    color: #fff;
    /* 类型转换 */
    display: block;
    /* 透明度 */
    opacity: 0;
    /* 文字大小 */
    font-size: 12px;
    /* 动画 */
    transition: .5s;
}
/* 第一个 font 元素设置 */
#article2 div ul li a span font:first-child{
    font-weight: bold;
}
/* 第二个 font 元素设置 */
#article2 div ul li a span font:nth-of-type(2){
    height: 64px;
    font-size: 10px;
}
/* 播放图标设置 */
#article2 div ul li a span font:nth-of-type(2) i{
    width: 49px;
    height: 49px;
    display: block;
    margin: 15px auto;
    /* 背景图片 */
    background: url(../imgs/mvPlayIcon.png) no-repeat;
    transition: 1s;
}
```

```
/* 播放量设置 */
#article2 div ul li a span font:last-child i{
    width: 14px;
    height: 14px;
    display: inline-block;
    /* 垂直设置 */
    vertical-align: -3px;
    margin-right: 4px;
    /* 背景图片 */
    background: url(../imgs/icos.png) no-repeat -184px -53px;
}
/* 发布时间 */
#article2 div ul li a span font:last-child em{
    /* 右浮动 */
    float: right;
    font-style: normal;
}
#article2 div ul li a:hover{
    cursor: pointer;
}
/* 鼠标浮动设置 */
#article2 div ul li a:hover strong{
    opacity: 0;
}
#article2 div ul li a:hover span{
    /* 背景颜色 */
    background: rgba(0,0,0,.5);
    /* 阴影 */
    box-shadow: 0 0 5px #112233;
}
#article2 div ul li a:hover font{
    opacity: 1;
}
#article2 div ul li a:hover span font:nth-of-type(2) i{
    /* 播放图标旋转 720 度 */
    transform: rotate(720deg);
    /* 设置旋转中心 */
```

```
    transform-origin: center center 0;
}
```

效果如图 8-17 所示。

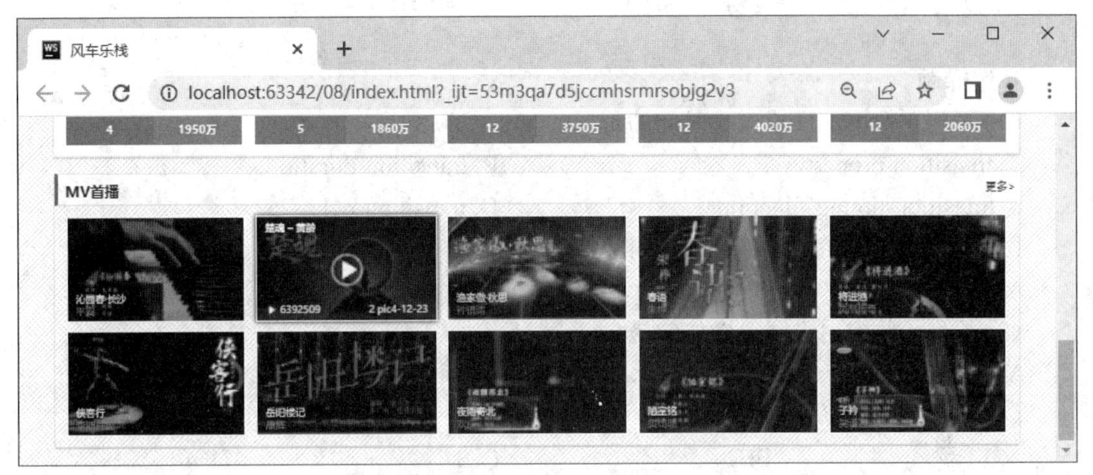

图 8-17　MV 首播设置

本项目通过对音乐网站动态内容添加的实现，对 HTML5 动画的相关概念有了初步了解，对 CSS3 过渡属性、CSS3 变形属性以及 CSS3 动画属性的使用有所了解和掌握，并能够通过所学的 CSS3 动画相关知识实现音乐网站的制作并添加动态效果。

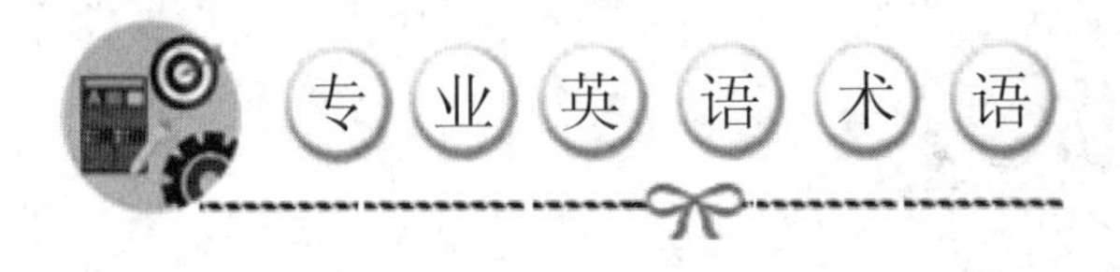

transition	过渡	scale	规模
duration	期间	rotate	旋转
delay	延迟	skew	歪曲
transform	使改变	animation	动画
matrix	矩阵	iteration	迭代
translate	翻译	alternate	候补

1. 选择题

（1）下列属性用于设置执行时间的是（　　）。

A. transition-property　　B. transition-duration

C. transition-timing-function　　D. transition-delay

（2）速度曲线中（　　）表示速度相同的属性。

A. linear　　B. ease　　C. ease-in　　D. ease-out

（3）下列函数中用于倾斜操作的是（　　）。

A. translate()　　B. scale()　　C. rotate()　　D. skew()

（4）@keyframes 设置动画规则有（　　）种方式。

A. 1　　B. 2　　C. 3　　D. 4

（5）下列属性用于动画播放次数的是（　　）。

A. animation-timing-function　　B. animation-delay

C. animation-iteration-count　　D. animation-direction

2. 简答题

（1）简述过渡操作常用属性及其作用。

（2）简述 animation 属性的使用。

3. 实操题

编写代码，实现蔬菜水果商店网站制作并应用 CSS 属性添加动画。